多通道集成毛细管电泳芯片检测系统研究

杨晓博　著

湘潭大学出版社
XIANGTAN UNIVERSITY PRESS

图书在版编目（CIP）数据

多通道集成毛细管电泳芯片检测系统研究 / 杨晓博著. -- 湘潭 : 湘潭大学出版社, 2023.6
ISBN 978-7-5687-1161-6

Ⅰ. ①多… Ⅱ. ①杨… Ⅲ. ①毛细管－电泳－集成芯片－化学分析－研究 Ⅳ. ①O657.8

中国国家版本馆 CIP 数据核字 (2023) 第 127414 号

多通道集成毛细管电泳芯片检测系统研究

DUO TONGDAO JICHENG MAOXIGUAN DIANYONG XINPIAN JIANCE XITONG YANJIU

杨晓博 著

责任编辑：丁立松
封面设计：文海宏远
出版发行：湘潭大学出版社
社　　址：湖南省湘潭大学工程训练大楼
电　　话：0731-58298960 0731-58298966（传真）
邮　　编：411105
网　　址：http://press.xtu.edu.cn/
印　　刷：长沙鸿和印务有限公司
经　　销：湖南省新华书店
开　　本：787 mm×1092 mm 1/16
印　　张：8.25
字　　数：186 千字
版　　次：2023 年 6 月第 1 版
印　　次：2023 年 6 月第 1 次印刷
书　　号：ISBN 978-7-5687-1161-6
定　　价：46.80 元

前言
PREFACE

毛细管电泳芯片分析系统具有高效、快速、通量高和样品消耗量少等优点，已成为临床医学、基因诊断、药物筛选、蛋白质组学等领域的重要研究手段之一。被测样品分离后的组分及含量等信息由检测系统来确定，检测系统的性能决定了整个分析系统的精度、灵敏度、响应速度及适用范围等。与传统的分析仪器相比，毛细管电泳芯片分析系统要求检测系统具有更高的信噪比、更快的响应速度、更小的尺寸及更高的集成度。为此，本书以微型化和集成化为目标，开展多通道毛细管电泳芯片及其检测系统的研究。

为减小基于激光诱导荧光检测的毛细管电泳芯片检测系统光学结构的体积，设计并建立了一套基于光纤的扫描式多通道毛细管电泳芯片激光诱导荧光检测系统。整个系统由激光诱导荧光单元、多通道毛细管电泳芯片、机械扫描平台、通道识别单元和荧光信号处理单元构成。系统采用绿光半导体固体激光器为光源，利用V形结构的两根单模光纤分别传输激发光和荧光信号，取代了传统激光诱导荧光检测系统中复杂、庞大的共聚焦检测光路。雪崩二极管作为荧光信号检测器件，通过曲柄将电机的匀速旋转变换为扫描轴的往复式运动，实现了多通道的扫描检测。系统以不同浓度的罗丹明B溶液为样品进行了电泳分离，其检测限为 1.4×10^{-5} mol/L。

为进一步减小光源的体积并简化光路系统结构，消除毛细管电泳芯片激光诱导荧光检测系统中激发光源的反射光和杂散光的干扰，提高系统的信噪比，设计并建立了基于偏振隔离结构的垂直层叠式发光二极管诱导荧光检测系统。系统采用绿光发光二极管替代半导体固体激光器，使用两片偏振方向互相垂直的线性玻璃偏振片取代传统激光诱导荧光检测系统中的一系列光学滤光片。整个系统由发光二极管光源、两片线性偏振片、多通道毛细管电泳芯片、针孔、电荷耦合器件、高压电源、数据采集卡及数据处理单元等组成，分别考察了光源的驱动电压与两偏振片之间的相对偏振角度、针孔直径等因素对检测结果的影响。在上述条件最优化的情况下，对罗丹明B样品溶液进行了毛细管电泳分离及重复性实验，系统的检测限降至 1.4×10^{-6} mol/L。

从检测光源与系统进一步集成的角度出发，设计并制作出以 POAPF : Ir(ppy)3 为发光层的绿光有机发光二极管器件，对其性能进行了测试分析。利用电荷耦合器件的电子快门特性，实现了积分时间可控的较高灵敏度检测。通过上位机程序设计，实现了采集通道的任意设定，增强了应用的灵活性和可靠性。针对有机发光二极管器件发光亮度较低的问题，通过在器件的玻璃基底表面贴附微透镜阵列薄膜，提高了入射光的强度。使用 LightTools 光学仿真软件，分析了圆形基底、正交排列的微透镜阵列的占空比、透镜接触角、透镜直径等因素对有机发光二极管器件外量子效率的影响，确定了最佳结构参数。以研制的有机发光二极管器件作为光源，利用偏振片、针孔、微透镜阵列、微小透镜及光电探测器，组建了基于有机发光二极管的集成度较高的多通道毛细管电泳芯片检测系统，实现了对罗丹明 B 样品溶液的电泳分离检测，检测限为 1.2×10^{-6} mol/L。

杨晓博

2023 年 3 月 2 日

目录
CONTENTS

1 绪论

1.1 微流控芯片分析系统

分析科学随着现代科学技术的进步和社会经济的发展不断完善，“工欲善其事，必先利其器”，作为其分支之一的分析仪器在分析科学发展中的关键性作用也日益凸显。分析仪器是生命科学、材料科学等学科发展过程中不可或缺的研究和检测手段，而信息科学、计算机和机械加工技术的迅猛发展也为分析仪器的发展提供了新的机遇和挑战。现代仪器分析方法必须不断变革、创新才能适应科学技术进步的需要，满足未来人们对分析方法提出的更高要求。在这种情形下，微流控芯片分析系统应运而生。

1.1.1 微流控芯片分析系统的发展进程

微流控芯片，又称芯片实验室（Lab on a Chip），是一种以在微米、纳米尺度空间内对流体进行操控为主要特征的科学技术，它能将生物、化学等实验室的基本功能缩小至一个几平方厘米的芯片上。现阶段，微流控芯片的主流形式多由微通道构成网络，以可控流体贯穿系统，用以实现常规生物或化学等实验室的各种功能。微流控芯片的最大优势和基本特征是多种单元技术能在微小、可控的平台上实现灵活的组合和规模集成。

1957 年，美国 Veterans Administration Hospital 的 Skeggs 提出了一种新颖的间隔式连续流动分析技术，这种技术使分析化学的整个操作过程在有流体连续流动的通道中进行，避免了玻璃器皿、量器等传统操作工具的使用[1]，它的提出对分析化学乃至整个化学实验技术的创新都具有重大意义，但分析过程中样品、试剂的消耗量及分析设备的体积仍相对较大[2]。随后，1975 年丹麦技术大学的 Ruzicka 和 Hansen 通过微细通道（内径小于 1 mm）非完全的化学反应，实现了对流体流速和层流状态的控制及重现，提出了流动注射分析的概念[3]。在流动注射分析中，200 种样品可在 1 h 内测定完毕，分析速度大大提高，为整个分析系统微型化的发展奠定了基础。1984 年，他们又提出了集成微管道系统[4]，由于缺少可靠微机电加工技术及有效流体驱动方式的支持，集成微管道系统未能得到持续发展。

20 世纪 90 年代，瑞士 Ciba-Geigy 分析实验室的 Manz 和 Widmer 提出了“微型全分析系统”（Miniaturized Total Analysis System, μ-TAS）的概念 [5]，它以微机电加工技术（Micro Electro Mechanical System, MEMS）为基础，以实现整个化学分析设备的微型化和集成化为目的，尽可能地将分析实验室的功能（包括采样、稀释、进样、反应、分离和检测等）全部或大部分转移到尽可能小的操作平台上，甚至平方厘米大小的芯片上，从而以更简便的方法，更快、更准确地确定被测物质的成分、结构和含量等相关信息。图 1.1 为 Manz 提出的微型全分析系统的概念结构图。

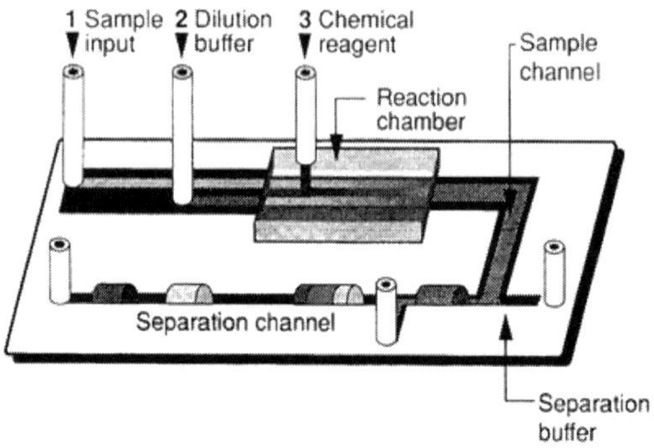

Sample input—样品注入；Dilution buffer—稀释缓冲液；Chemical reagent—化学试剂；Reaction chamber—反应室；Sample channel—样品通道；Separation buffer—分离缓冲液；Separation channel—分离通道

图 1.1　微型全分析系统的概念结构图

随着 MEMS 技术的不断发展，微型全分析系统的发展方向进一步明朗化。继微阵列生物芯片（Micro Array Biochips）之后，微流控芯片分析系统（Microfluidic Analysis System）已经成为 μ-TAS 中最为活跃的领域和发展前沿。它以 MEMS 技术为支撑，以分析化学和生物化学的理论和方法为基础，以微通道网络为结构特征，以生命科学和环境科学为主要应用对象，采用微加工工艺，在不同的基底材料上制作出微米级的通道网络结构，通过试样和试剂在微沟道中的流动及混合反应，实现自动控制的定量操作。

20 世纪末，微型全分析系统领域的发展出现新高潮，美国一些著名的研究小组相继介入 [6]。1994 年初，橡树岭国家实验室（Oak Ridge National Laboratory）的 Jacobson 提出了如图 1.2 所示的集成柱后反应器的微分析系统 [7]。系统采用微通道电泳芯片作为分离部件，通过在分离通道中集成柱后反应器提高系统的功能性与实用性。

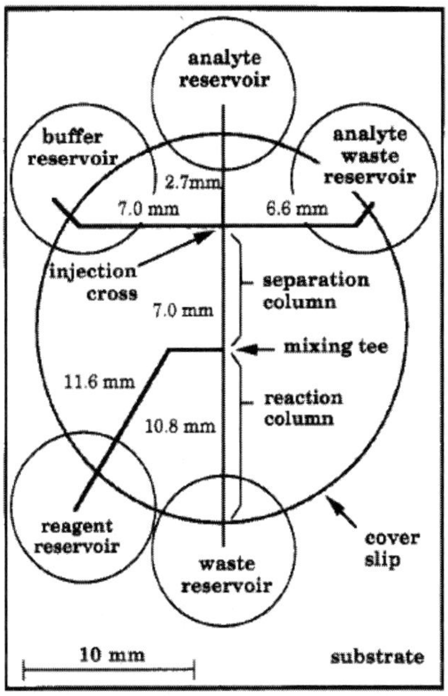

buffer reservoir—缓冲液池；analyte reservoir—分析物储液池；analyte waste reservoir—分析物废液池；reagent reservoir—试剂储液池；waste reservoir—废液池；cover slip—盖片；injection cross—十字进样；separation column—分选柱；substrate—衬底；reaction column—反应柱；mixing tee—混合三通

图 1.2　集成柱后反应器的微分析系统

1995 年，加州大学伯克利分校的 Mathies 等首次利用微流控生物芯片实现了高速 DNA 测序 [8]。随后，微型全分析系统的商业价值开始显现，世界首家从事微流控生物芯片设计与制作的企业—— Caliper Technologies 于 1995 年 9 月在美国加利福尼亚州成立。1998 年，美国密歇根大学的 Burns 等采用传统的光刻技术，在以硅为基底的微流控生物芯片上，集成了微通道、微加热器、温度传感器和荧光检测器等功能部件，系统结构如图 1.3 所示 [9]。系统在不需要外部透镜、加热器和机械泵的条件下，实现了样品的进样、混合、加热反应及电泳分析。2000 年，美国的 Anderson 等实现了集成 RNA 抽取、聚合酶链反应（Polymerase Chain Reaction, PCR）、脱磷酸化、杂交、藻红蛋白标记等的多步 HIV 基因图谱的微流控分析系统 [10]，其结构如图 1.4 所示。

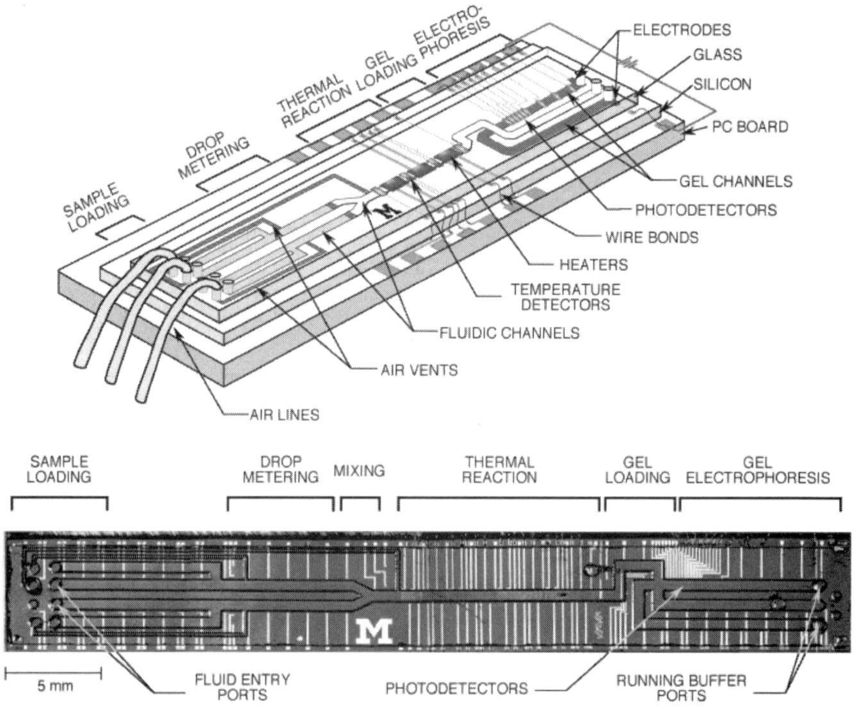

sample loading—样品进样；drop metering—滴量测量；thermal reaction—热反应；gel loading—凝胶进样；electrophoresis—电泳；electrodes—电极；glass—玻璃；silicon—硅；PC board—印刷电路板；gel channels—凝胶通道；photodetectors—光电检测器；wire bonds—引线键合；heaters—加热器；temperature detectors—温度检测器；fluidic channels—流体通道；air vents—气孔；air lines—进气线；mixing—混合；gel electrophoresis—凝胶电泳；fluid entry ports—流体入口；running buffer ports—缓冲液入口

图 1.3　集成样品进样、混合、加热、分离和检测等功能的微流控分析系统

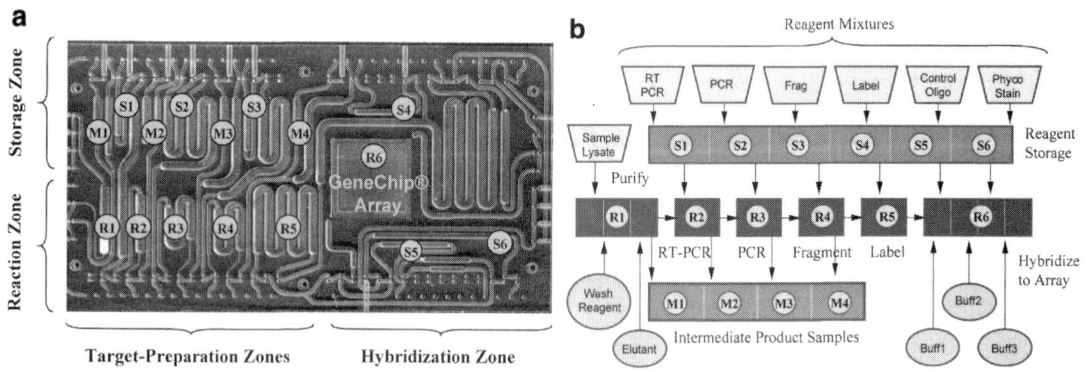

storage zone—存储区域；reaction zone—反应区域；
target-preparation zone— 靶标制备区；hybridization zone—混合区

图 1.4　集成多步 HIV 基因图谱的微流控分析系统

2002 年，美国加州理工学院的 Quake 研究小组在 *Science* 上发表了一篇关于大规模集成的微流控分析系统 [11] 的论文，如图 1.5 所示，他们将 2 056 个可独立寻址的微阀和 256

个 750 pL 可独立控制的微反应室集成在 25 mm × 25 mm 的聚二甲基硅氧烷 (PDMS) 基片上。该系统可以对特种酶和其他的细菌进行检测，这一报道不仅对分析化学的发展意义重大，同时也将对生命科学的发展产生深远影响。

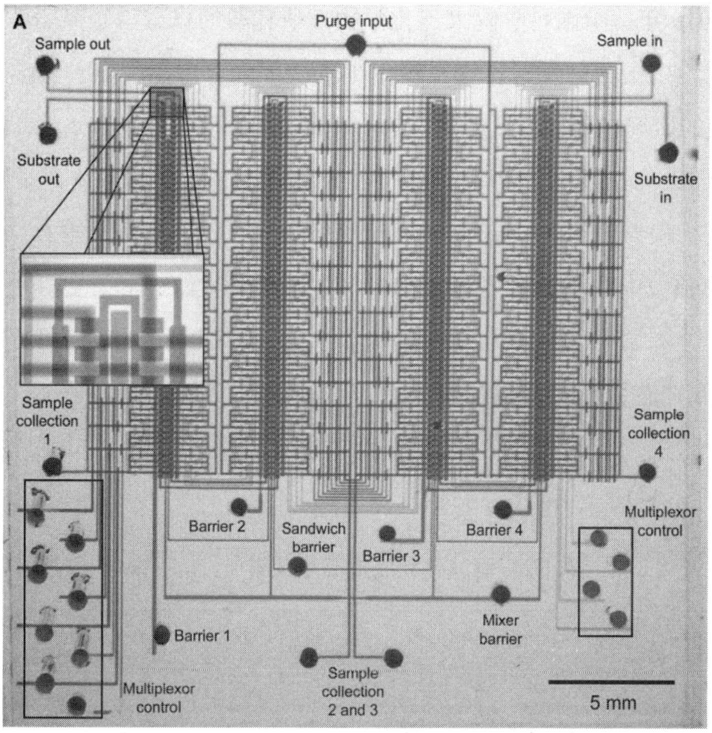

sample in—样品入口；sample out—样品出口；substrate in—酶入口；
substrate out—酶出口；sample collection—样品收集；barrier—障碍；
purge input—净化入口；multiplexor control—多路传送控制器；sandwich barrier—夹层障碍

图 1.5 大规模集成的微流控分析系统

为迎接微流控分析系统发展高潮的到来，著名的英国皇家化学会（Royal Society of Chemistry, RSC）在 2001 年创办了 *Lab on a Chip* 期刊，专门报道微流控分析领域最新的研究进展。与此同时，从 2002 年开始到 2010 年，*Analytical Chemistry* 每隔两年就会发表 Manz 研究小组关于微流控分析领域的综述性文章 [12-17]。2004 年，美国 *Business* 2.0 杂志中的一篇封面文章把微流控芯片列为“改变未来的七种技术之一”。2006 年 7 月，一期题为“芯片实验室”的专辑在 *Nature* 杂志发表，专辑从不同角度分别阐述了微流控芯片的研究历史、发展现状和应用前景。此外，*Electrophoresis*、*Talanta*、*Analyst* 等国际著名学术期刊也相继发表了一系列关于微流控芯片分析系统的综述 [18-20]，相关的专著在国内外也有出版 [21-25]，这些都极大地促进了 μ-TAS 领域的快速发展。至此，微流控芯片的战略性意义，已在更高层面和更大范围内被学术产业界所认同。

从 90 年代中后期开始，一些著名大学和中国科学院的一批研究小组在中国政府各类项目的支持下，以不同的领域作为切入点对微流控芯片展开研究，开展了卓有成效的工作。2009 年，中国科学家在 *Lab on a Chip* 杂志上发表的学术论文数量位居世界第二，在该杂志创刊十周年的 2010 年，中国科学院大连化学物理研究所的林秉承研究团队主持编辑，出版了一期题为“聚焦中国”的专辑，该专辑集中反映了来自中国大陆、香港和台湾的学者在微流控芯片领域的研究进展。

在 μ-TAS 如火如荼发展的同时，企业中的微流控芯片分析系统研发工作也在加紧进行。世界著名分析仪器生产商，包括 Agilent、岛津、日立等也纷纷加入，力争在微流控分析系统商品化的领域中占有一席之地。1999 年，Agilent 与 Caliper 公司联合研制出世界首台商品化微流控分析系统—— Agilent 2100 生化分析仪，至 2001 年已可提供用于核酸及蛋白质分析的 5 ~ 6 种芯片[26]。经过科研人员的不断努力，现在已出现如表 1.1 所示的商品化微流控检测和分析系统[2]。未来更多的专用型微流控检测分析仪器可能主要应用于医学领域的现场诊断（Point-of-Care Diagnostics）。

表 1.1　商品化微流控芯片检测和分析系统

公司	产品	装置或功能
Agilent[27]	Bioanalyzer 2100	毛细管电泳芯片；DNA、RNA、蛋白、细胞分析
	5100 ALP	芯片自动检测仪；12 孔板
Caliper Life[28]	Lab Chip® 90	毛细管电泳芯片；DNA、蛋白电泳分析
CE Resources[29]	Modular Systems	多通道电源；检测器系统
Hitachi[30]	SV110	芯片电泳检测仪；使用 LED 荧光检测器
Shimadzu[31]	MCE-2010	石英电泳芯片；光电二极管阵列检测器

1.1.2 微流控芯片分析系统的特点

微流控芯片作为一种战略性的科学技术，其发展有它的内在必然性。首先，微型化是人类社会发展的一种趋势。其次，当被操控的流体在一个微纳米尺度空间流动时，会出现很多新的现象，其中的一部分还没有被我们所充分认识。最后，基于对系统研究的需求，微流控芯片能够承载多种单元技术并使之灵活组合和规模集成的特征使其可能成为系统研究的重要平台。

微流控芯片系统通过最大限度地把分析实验室的功能转移到芯片微米级宽度的通道中，在实现分析设备尺寸微型化的同时，分析性能上也有许多突出的优点。分析样品的进样、混合、反应和检测等复杂的操作可通过微全分析系统在数秒至数十秒时间内完成，这样的速度高于传统常用的宏观分析方法 1 ~ 2 个数量级，微米级通道中的高导热性和传质速率及结构尺寸的缩小，直接导致了其较高的处理分析速度。分析样品及试剂的消耗已降至微升或纳升水平，在降低贵重生物试剂使用量和分析费用的同时，也使部分有毒试剂对人及周围环境的伤害和污染大大减小。

微流控芯片分析系统通过 MEMS 技术将多个功能部件集成在同一平方厘米大小的芯片上，芯片尺寸小、结构设计灵活，人们可以根据不同的需要来设计微通道网络的布局，也可以加入柱前或柱后反应器等处理单元 [2]。在进行生化样品分析时，还可将 PCR 反应器、连接酶链反应器等集成在芯片上，最终实现芯片实验室（Lab on a Chip）功能。此外，芯片材料的消耗随芯片尺寸的变小而减少，生产、制作芯片的成本将降低，这有利于微流控芯片在人们实际生活中的普及应用。

在医药工业中，高通量是药物筛选和研发的重要方法之一。对于微全分析系统来说，高通量是大规模集成的一种形式，而多种操作单元在微小平台上的灵活组合和大规模集成则是微流控芯片分析系统的基本特征和最大优势。由于微流控芯片分析系统的同一操作单元中可以集成并行的多个微通道，同时分析多种样品，因此，具有实现高通量的能力。

虽然微全分析系统具有上述诸多优点，但仍存在着若干制约其发展的不利因素。例如，作为当前微全分析系统主要发展前沿的微流控芯片，其大多数检测器体积过大，实现集成化和微型化还存在相当大的困难；在目前加工条件下，微流控芯片的制作成本稍显昂贵，芯片的推广应用尚有一定的困难；此外，目前研制的大部分微流控芯片分析系统没有样品的前处理功能，这方面的研究需在以后不断加强 [26]。

1.1.3 微流控芯片分析系统的应用

随着应用研究的不断深入，μ-TAS 在分析仪器微型化、集成化和便携化方面的巨大潜力，为其在众多领域的应用提供了广阔的前景。

2000 年 6 月，人类基因组计划进入了后基因测序时代，主要研究内容包括单核苷酸多态性分析、基因表达分析、基因变异分析和蛋白组分析，其中的 DNA 分析技术需要高通量的筛选技术从上万个人类基因中筛选出致病基因，同时也需要高速的基因多态分析技术分析单个基因组中上百万至上千万个位置上的单核苷酸多态。由于微流控芯片具有强大的平行处理样品的能力，因此，有可能在人类基因组的进一步研究中发挥核心作用，进而成为后基因时代的支撑性技术。

随着现代医学从“系统器官、组织和细胞层次”向“DNA、RNA、蛋白质及其相互作用层次”过渡，微流控芯片为现代医学提供了强有力的检测手段。与传统检测方法不同，微流控芯片可以在一张芯片上同时对多个病人进行多种疾病的并行检测，无须机体直接参与反应 [32]；能够检测病原微生物种类，待测试样用量少、灵敏度和可靠性高、检测成本低、自动化程度高，这些优点使得医务人员可以在短时间内掌握大量的诊断信息，进而帮助医生在最短时间内找到正确的治疗措施 [6]。

微流控芯片技术可以大规模地比较各种合成路线和条件，筛选催化剂和药物的有效组分，省去大量的合成初步试验，从而缩短时间，加快新化合物和药物的研究开发进程。在国外，越来越多的化工、制药公司开始不同程度地采用微流控芯片技术寻找催化剂和药物靶标，查验合成路线和药物的毒副作用。

在食品卫生、环境监测方面，诸如大规模的入学、入伍等健康检查，地区性遗传病、传染病的调查分析及研究，污染物质对人群、动植物的作用机制及作用范围研究，海关对出入境动植物及商品的生物学检验等，微流控芯片均具有一系列的用武之地 [32]。

在农业生产中，可以利用微流控芯片的高灵敏度性检测基因表达水平，测定农作物根、叶等不同器官中基因表达水平的差异；通过大规模地检测和分析基因的变异及多态性，有助于了解农作物的遗传学结构和探查物种的遗传多样性，进而为农作物的起源、进化及系统分类提供帮助。

应用便携式微流控芯片检测设备，可以直接监测战场上的水源、食物的污染情况以及作战人员在生化战争中的战斗力，甚至可以利用轻便的免疫芯片直接进行就地免疫和救护。另外，也可以检测在犯罪现场遗留下来的毛发、唾液、血液中的遗传信息，并立即与指纹库系统中存储的 DNA 进行比对，实现快速、准确破案 [32]。

现代中药质量评价的发展趋势是系统分析中药的化学成分，阐明有效部分或有效成分种类，建立全面反映所含成分的指纹图谱。为建立规范、标准的指纹图谱库，必须进行大量的筛选、分析、比对等工作，而快速、低耗、高通量的微流控芯片的运用，将使中药及其制剂的指纹图谱库的建立更加有效，进而有力推动中药研究的现代化进程。

微流控芯片是注定要深度产业化的科学技术，尤其是基于数字液滴或通道液滴的液滴技术及基于微环境操控的仿生技术，有可能以其独特的优势在一些领域脱颖而出。与此同时，起步更早、正在快速发展的检测诊断技术仍处于和现有成熟技术的竞争阶段，如何确保“实际样品、可靠结果”则是新兴产业立足和发展的基础和根底。

总体而言，微流控芯片在面向社会的各行各业（包括疾病诊断、环境检测、司法鉴定、药物筛选、体育竞技等）在内的各个领域开拓应用，前景非常可观。微流控芯片有望成为 21 世纪的一种主流技术和主要产业，甚至对人类社会未来的生活方式和生存质量产生革命性的影响，世界范围内的产业竞争将在未来表面化，并日趋激烈。

1.2 毛细管电泳芯片系统的研究现状及发展趋势

1.2.1 毛细管电泳芯片的原理和特点

毛细管电泳又称高效毛细管电泳或毛细管电分离法，它不同于传统的电泳，兼有电泳、色谱、筛分等原理，以毛细管为分离通道，通过高压电场驱动，根据样品的大小、极性、相分配、亲和行为等特性而实施的一类液相分离分析方法和技术的统称。毛细管电泳源远流长，以采用管式分离通道为起点，可以上溯到1927年，Tiselius发明了U形管移界电泳方法。多数学者认为，毛细管区带电泳的发现和发展是现代毛细管电泳的直接源头。毛细管电泳的出现极大地促进了芯片实验室或微全分析系统的研究和发展。

毛细管电泳芯片（Capillary Electrophoresis Microchip）是一种在玻璃、石英、硅、塑料芯片等的微细通道或色谱柱中，以电场为驱动力，借助于离子或分子在电迁移或分配行为上的差异，对复杂样品中的多种组分进行高效、快速分离分析的技术。在分离原理上，它与常规毛细管电泳相似，但是进行分离分析的系统却有着质的飞跃[33]。电泳芯片作为系统的核心，利用MEMS技术在平方厘米大小的玻璃或其他材料上，刻蚀出宽度为微米级、长度为毫米级的微细通道网络和其他功能单元，组成进样、分离、反应，乃至传感系统的集合体，芯片与光学或电化学检测器等外围设备构成一个完整的毛细管电泳芯片分离分析系统，图1.6为最简单的单通道毛细管电泳芯片分析系统示意图。

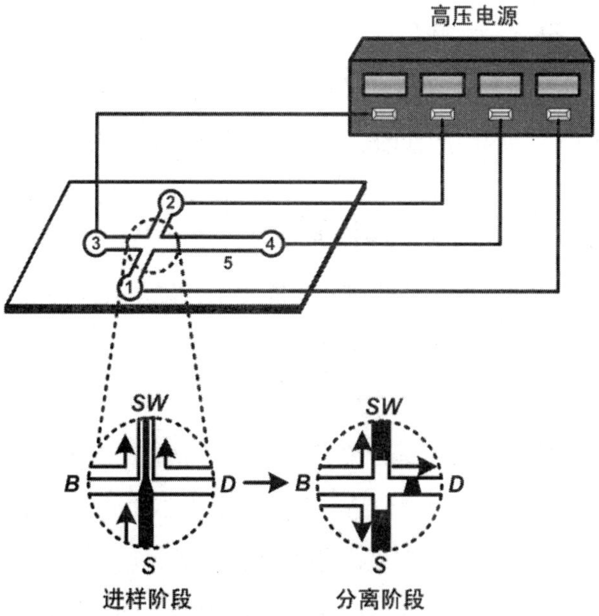

图1.6　单通道毛细管电泳芯片分析系统示意图

电泳分析时，首先在进样通道（图 1.6 中 1 到 2）施加电压，样品在电渗流的作用下从 1 经十字交叉口流向 2；然后将电压切换至分离通道（图 1.6 中 3 到 4），储存在十字交叉口处的一段样品溶液在电渗流的驱动下进入分离通道进行分离，组分经过检测点 D 时记录其电泳谱图 [33]。

芯片上的毛细管电泳分析主要具有以下特点：

（1）借助于 MEMS 技术，可以很方便地在玻璃、塑料、石英、硅片上加工出微米级的分离通道，或制备出诸如开口柱、填充柱和整体柱等各种形式的毛细管电色谱柱；还可以在芯片上加工出各种流动分析单元，耦联成以电泳分离为中心的微型化、集成化和自动化的微型全分析系统 [34]。

（2）采用电场作为微流体的驱动力，可以通过调节场强的大小及方向，实现小体积进样、分离、汇流、分流等操作，无须机械泵和机械阀，符合微型化、集成化和自动化的发展要求。

（3）由于玻璃芯片等具有较好的散热特性，电泳分离时产生的焦耳热能得到有效散发。因此，可以在通道中施加常规毛细管电泳难以达到的高场强（如 2 500 V/cm），结合小体积进样的功能，实现高速、高效（106 塔板数 / 秒）的分离。

（4）可以采用区带电泳、凝胶电泳、等电聚焦、等速电泳、电色谱等不同的分离模式，实现小无机离子至生物高聚物的快速分离，与激光诱导荧光、电化学或质谱等高灵敏度检测器联用，可以方便地进行各种复杂试样中微量成分的分离与测定 [35]。

正是由于以上突出的优点，毛细管电泳芯片得到了飞快的发展，已成为目前 μ-TAS 领域中最令人瞩目的一个分支。尤其是近年来，毛细管电泳芯片对 DNA、多肽、蛋白质等生物大分子所表现出来的高分辨、高速、高通量的分离分析能力，使它成为后基因时代最有希望攻克蛋白组学研究、基因临床诊断、药物筛选等难题的分析手段之一 [34]。

1.2.2 毛细管电泳芯片的研究内容

目前为止，毛细管电泳芯片系统的研究主要集中在以下几个方面。

（1）微流体的驱动方式。除电渗流驱动外，磁力、声波、表面张力、压力驱动等技术已成功用于微流体的驱动。

（2）芯片结构。已从单一的泳道分离发展到微反应器、微过滤器、微膜等多种功能单元的片上集成，系统并行分析和处理样品的能力也由于芯片通道的阵列化而得到大大增强。

（3）除了传统的硅和玻璃外，有机高分子材料也成为制作毛细管电泳芯片的材料。采用压模成形技术制作微通道更为简单、快速，且成本低，塑料、高分子材料制作的毛细管电泳芯片有可能成为微流控芯片的主流。

（4）毛细管电泳芯片系统的检测方法。检测不仅依靠激光诱导荧光检测法，化学发光、电化学检测、质谱检测等已成为高效的检测手段，系统的检测极限大幅降低。随着微机电加工技术的发展，检测器甚至可能被集成在毛细管电泳芯片微系统上。

（5）毛细管电泳芯片的功能日趋强大。除常规的化学分离外，还可实现化学反应合成，样品前处理、筛选及后处理等功能。

1.2.3 毛细管电泳芯片的研究现状

1992 年，瑞士科学家 Manz 等发表了关于毛细管电泳芯片的第一篇报道，他们以荧光染料为分析对象，研究了芯片微通道网络中电渗力实现进样和分离的可能性，向人们展示了毛细管电泳芯片的雏形 [36]。不久，这一新颖的分离分析技术引起了人们的广泛关注，美国橡树岭国家实验室的 Ramsey 小组、加拿大 Alberta 大学的 Harrison 小组、美国加州大学伯克利分校的 Mathies 小组等世界著名研究小组相继投入这一领域的基础性研究，重点集中在毛细管电泳芯片的液流控制、进样方法和影响柱效的因素等方面。1994 年前后，Harrison 小组提出的复杂通道网络中的电渗流控制技术 [37]，以及 Ramsey 小组提出的夹流进样技术 [38]，为毛细管电泳芯片的发展奠定了理论基础和技术平台。

20 世纪 90 年代后期，毛细管电泳芯片开始引起各国科研工作者的重视，从而进入快速发展时期。集成有柱前 / 柱后反应器的毛细管电泳芯片 [7] 和阵列毛细管电泳芯片 [39] 相继研制成功，自由溶液区带电泳 [40]、凝胶毛细管电泳 [41]、胶束电动毛细管色谱 [42]、电动色谱 [43] 等多种分离模式在芯片上先后得到开发应用，色谱 – 电泳二维分离毛细管电泳芯片 [44] 的问世更充分显示了毛细管电泳芯片广阔的发展前景。近年来，我国科研工作者（如表 1.2 所示）在这一前沿学术领域也开展了一系列的研究，并取得了可喜的研究成果。

表 1.2 中国毛细管电泳芯片研究小组

研究机构	地点	负责人
中国科学院大连化学物理研究所	大连	林炳承、秦建华
浙江大学	杭州	方肇伦、方群
中国科学院电子研究所	北京	崔大付
上海微系统与信息技术研究所	上海	赵建龙
武汉大学	武汉	程介克
中国科学院长春应用化学研究所	长春	汪尔康、杨秀荣
清华大学	北京	罗国安、程京
上海交通大学	上海	任吉存

续表

研究机构	地点	负责人
东南大学	南京	陆祖宏

由于毛细管电泳芯片允许施加较高的场强，因此其分离速度较常规毛细管电泳高得多，可以在数秒钟内分离几种不同的氨基酸。但是，只有一条分离通道的电泳芯片，其样品通量（单位时间内分析样品数）难以满足诸如基因测序、蛋白组分离、临床诊断、药物筛选等大批量样品分离分析的需要。在微机电加工技术快速发展的今天，芯片上刻蚀微细的通道阵列已不是难事，研制阵列毛细管电泳芯片以提高样品通量自然引起了人们的重视。

1997 年，加州大学伯克利分校的 Woolley 等首先设计制作出平行排列的 12 通道阵列毛细管电泳芯片 [45]，其阵列通道网络结构如图 1.7 (a) 所示。12 个通道及 2 个用于光学校准的通道分布在 50 mm × 75 mm 的玻璃芯片上，进样通道长 8 mm，分离通道长 60 mm，芯片的截面形状近似为倒梯形，可以在 160 s 内并行分析 12 种不同的样品。

1998 年，Simpson 等设计出一种直径为 10 cm、圆形 48 通道的阵列毛细管电泳芯片 [46]，其结构如图 1.7(b) 所示。芯片共有 96 个样品池，每 2 个样品池共用一个分离通道，每 4 个样品池共用一个废液池，这样的结构使样品储液池减少到 127 个；每条通道宽约 60 μm，深 21μm。由于每一个分离通道可以连续分离两种不同的样品，芯片在 8 min 内便分离了 96 种样品。

1999 年，Shi 等设计出一种 96 通道的阵列毛细管电泳芯片 [47]，其结构如图 1.7(c) 所示。96 个通道呈辐射状分布在直径为 10 cm 的芯片上，各通道宽 110 μm，深约 50 μm。96 个分离通道分别对应 96 个样品池，芯片只有一个公用的中心阳极池，每两个样品池共用一个阴极池和一个废液池。

2001 年，Medintz 等研制出另一种与图 1.7(c) 类似的辐射状 96 通道结构的阵列毛细管电泳芯片（图 1.7(d)）[48]，分离通道采用蛇形结构，有效分离距离增加到 160 mm，更适合于较长 DNA 片段的分析及测序。

随着微机电加工技术的不断发展，毛细管电泳芯片的阵列数还将不断地增加，微通道的网络形状和尺寸大小还将根据芯片的具体应用对象和要求的不同而变化 [49]。例如：为了在有限的空间内增加分离通道的长度，可以将分离通道设计成蛇形结构 [50–51]、螺旋形结构 [52] 和折叠形结构 [53]，或者将进样通道设计成“双 T 形”以增加样品的进样量 [54–55]。Culbertson[56]、Paegel[57] 和 Molho[58] 等分别对弯曲通道的优化设计进行了分析，在保持分离通道不变的情况下，Zhang 等提出可以通过将进样通道变窄来提高毛细管电泳芯片的分离度和柱效等 [59]。此外，还有研究人员对各种塑料及 PDMS 毛细管电泳芯片微通道的修饰进行了研究[60–63]。

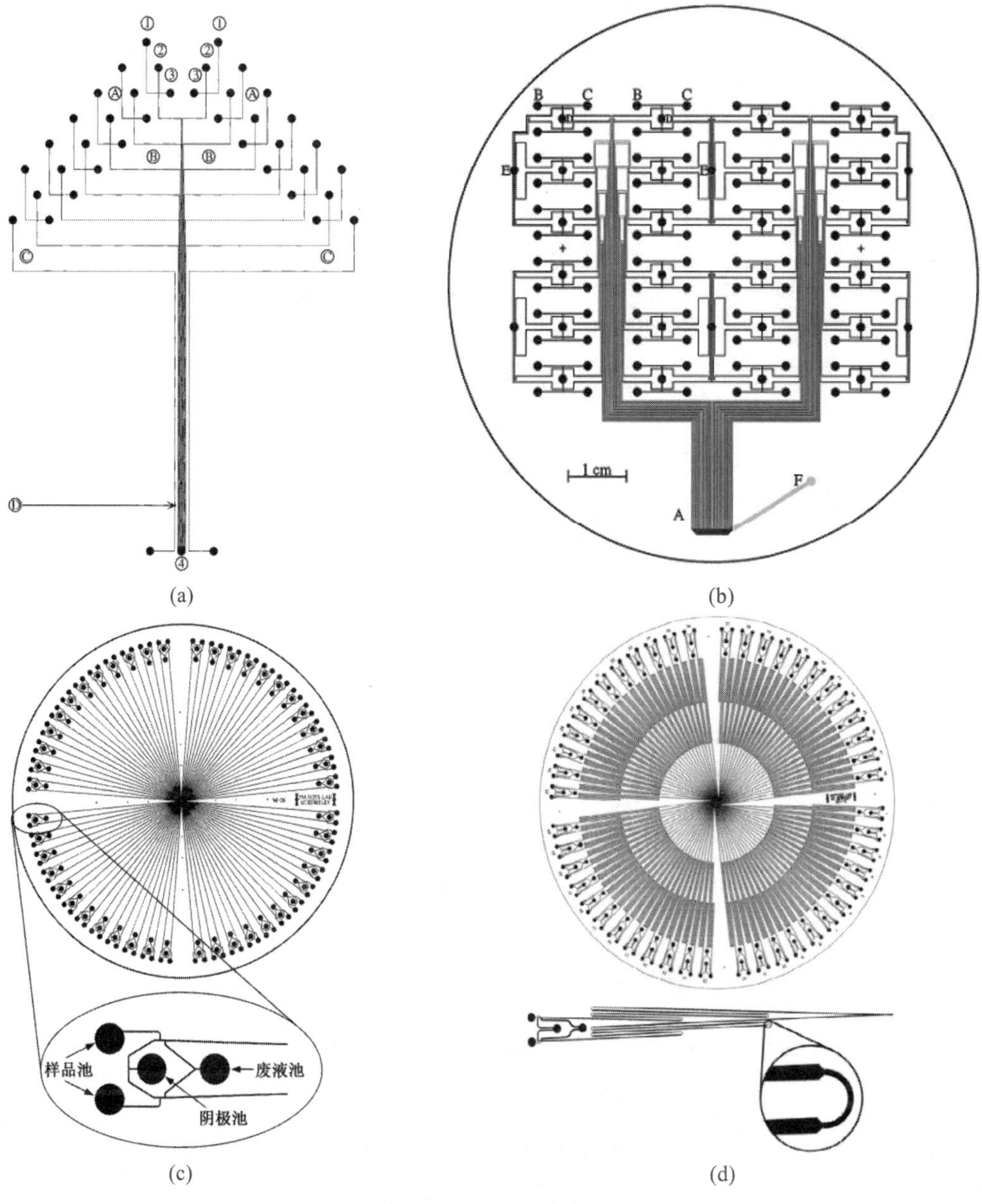

图 1.7　不同结构的阵列毛细管电泳芯片

1.2.4 毛细管电泳芯片的发展趋势

毛细管电泳芯片在向高通量发展的同时，还朝着集成化、微型化和便携化的方向发展，试图将整个实验分析过程中用到的包括样品进样、富集、分离、检测等功能单元都集成到芯片上。

1985 年，美国 Cetus 公司人类遗传研究室的 Mullis 发明了聚合酶链反应，它的发明为微量 DNA 和 RNA 的体外扩增提供了一种相当有效的方法。20 世纪 90 年代以来，科研人员分别在硅、玻璃、塑料等材料上制作出各种结构的 PCR 芯片 [64–71]，但芯片上的 PCR 反应量一般为微升量级或者更小，扩增产物的检测存在一定的困难。由于毛细管电泳芯片分析所需的样品量少、分离精度高，所以人们尝试着利用毛细管电泳芯片对 PCR 反应产物进行分析，甚至将 PCR 扩增反应与毛细管电泳同时集成在同一芯片上 [72–79]。

1996 年，Woolley 等首次设计出一种将 PCR 扩增反应与毛细管电泳芯片集成在一起的 DNA 分析装置 [72]，其结构如图 1.8(a) 所示。该装置可以在 15 min 内完成 PCR 扩增，整个 PCR 扩增反应和毛细管电泳分析过程所需要的时间少于 20 min。

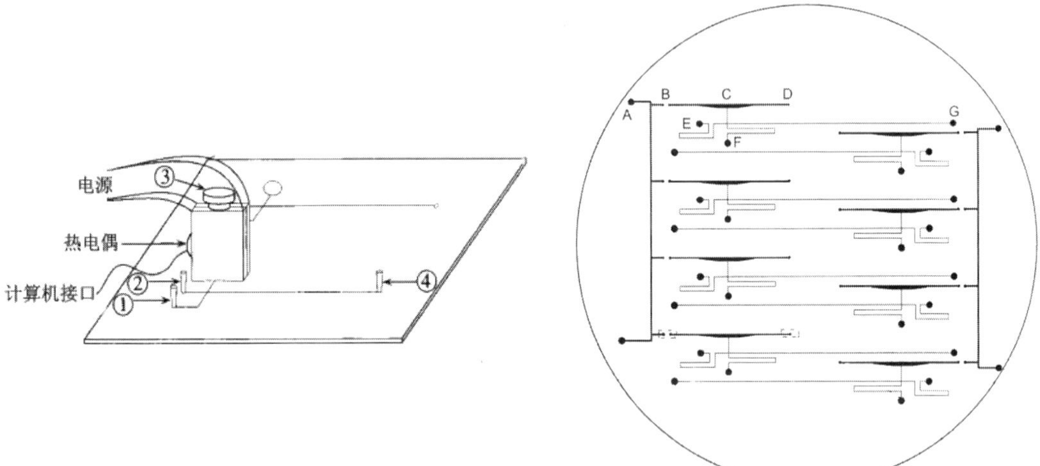

(a) (b)

图 1.8 集成聚合酶链反应的毛细管电泳芯片

2000 年，Lagally 等提出了一种如图 1.8(b) 所示、用于 DNA 扩增的毛细管电泳集成芯片结构 [76]。8 个彼此完全独立的通道分布在直径为 10 cm 的圆形芯片内，可以根据不同的需要将同种样品一次性分别引入 4 个通道进行多种分析。

此外，在毛细管电泳芯片上集成各种柱前（Pre–column）、柱后（Post–column）反应也是一个发展趋势 [80–86]。1994 年，美国橡树岭国家实验室的 Jacobson 等将一个柱后反应器集成在玻璃芯片上，用来进行氨基酸的柱后分离衍生 [85]。2000 年，Gottschlich 等提出了一种如图 1.9 所示的毛细管电泳芯片结构，首次将蛋白质和肽的消化、分离、柱后标记集成在一块芯片上 [87]。

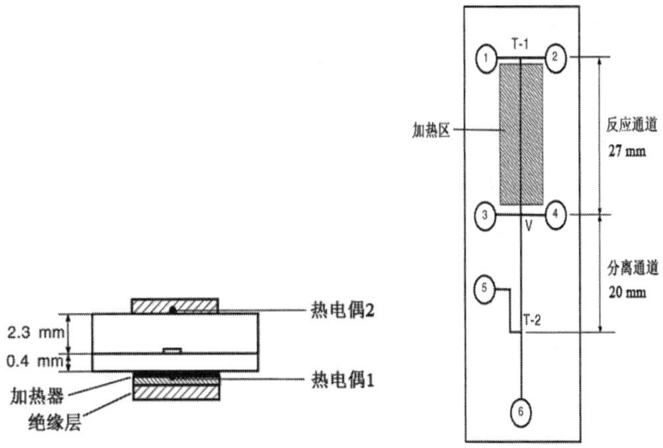

图 1.9　集成柱前、柱后反应的毛细管电泳芯片

1.3　毛细管电泳芯片系统的检测方法

检测系统是毛细管电泳芯片的核心单元之一，其结构和检测方式与所用的检测原理与方法有关。毛细管电泳的检测方法有光吸收、电化学、化学发光、磷光、荧光、质谱等，其中紫外吸收已经非常成熟，是商品仪器的主要检测手段。荧光属高灵敏检测方法但普适性差，如果将普通荧光的激发光源换成激光，就变成了激光诱导荧光检测，其非常灵敏，可用于单分子检测，但受激光光源的限制，可选波长不足。化学发光也是一种高灵敏度的检测方法，但稳定性、重复性略差，且检测需要混合过程。电化学中的电导检测方法灵敏度一般不高，适用于高电导成分的检测，其中的非接触式电导检测属于无损检测方法，有进一步的开发价值。

1.3.1　荧光检测

荧光检测是一种应用最早且至今仍应用较多的检测方法。荧光检测法具有极高的灵敏度，有良好的选择性和线性范围，许多诸如氨基酸、蛋白质等重要的生化样品均可用荧光试剂标记。在微流控芯片分析系统中，荧光检测法是唯一商品化的检测装置。但是，这类检测器的结构比较复杂，不易实现微型化和集成化，特别是很难将其用于多通道毛细管电泳芯片系统的检测中。

激光诱导荧光检测系统主要由激光器、光路、检测池和光电转换器件等部分组成。按入射激光、毛细管和荧光采集方向的相对位置，毛细管电泳芯片的诱导荧光检测系统分为正交型和共线型。其中，正交结构指荧光采集透镜垂直于毛细管和入射激光所构成的平面；光源、聚焦光和荧光共面，且入射光和发射荧光采用同一透镜聚焦的为共线型结构。激光的单色性和相干性好，光强高，能有效地提高信噪比，从而大幅度提高检测灵敏度。光路主要包括引导和分光两大部分，通过反射、折射、透射聚焦等方法来引导激光和荧光，其中入射光的聚焦透镜和荧光采集透镜通常采用高数值孔径透镜。高灵敏度的光电转换元件主要有光电倍增管（PMT）、电荷耦合器件（CCD）、雪崩光电管。其中，雪崩光电管是一种较新的光电转换器件，具有很高的光电转换效率，对某些近红外荧光染料的检测限可以达到 4 个分子的水平。

一种旋转扫描式阵列毛细管电泳芯片激光诱导荧光四色检测器如图 1.10 所示，它可用于 96 通道和 384 通道圆盘式毛细管电泳芯片的分析检测。检测过程中芯片固定不动，步进电机准确控制芯片下方的扫描光学物镜做圆周运动，依次扫描芯片上的每组电泳通道检测区域，将激发光投射到检测点，并收集产生的荧光信号。共聚焦荧光系统将激光和荧光相分离，荧光信号由一个四色检测装置进行检测。芯片上方的光纤接收光学物镜扫描头射出的激光作为触发信号，同步控制 4 个独立的数模转换器进行数据采集。他们用该装置在 120 s 左右的时间内完成了 96 通道内 DNA 片段的高通量、快速荧光检测分析 [35]。但是，该检测系统的光学系统和机械部分体积较大，很难实现微型化。

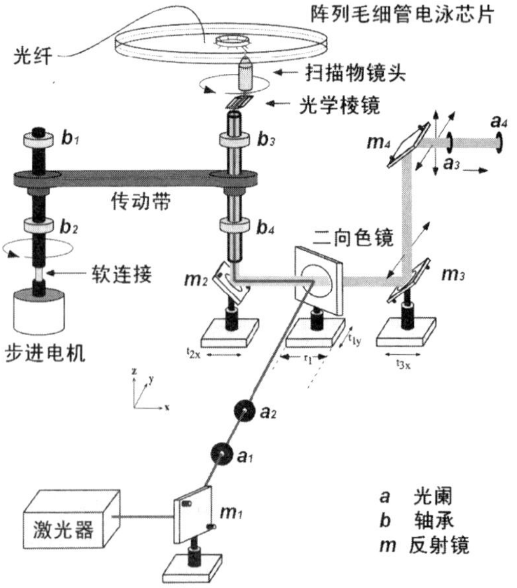

图 1.10　旋转扫描式阵列毛细管电泳芯片激光诱导荧光四色检测器

近年来，为进一步减小荧光检测器的体积，人们开始尝试将一些微型光学元件直接集成在芯片上，如发光二极管、平面光波导管、光电二极管及光学滤波片等。其中比较引人注目的是 2001 年美国哈佛大学 Chabinyc 等报道的一种集成化 LED 诱导荧光检测系统[88]，他们采用浇注的方法制作出如图 1.11 所示、带有通道的多层结构 PDMS 芯片。芯径为 100 μm 的光纤固定在靠近分离通道边缘的通道层内，80 μm 厚的 PDMS 膜覆盖在通道的底部；另一 PDMS 基片中预埋入微型雪崩二极管（μAPD）作为感光元件，上面覆盖一层黄色聚碳酸酯（PC）滤光片形成芯片下部结构，然后将之与通道层对齐封接成完整的芯片。植入芯片内部的光纤在外部与峰值波长 473 nm 的蓝色发光二极管耦合，μAPD 作为光电检测元件。该系统成功地用于蛋白质和小分子混合物的电泳分离和检测，检测限为 25 nmol/L。

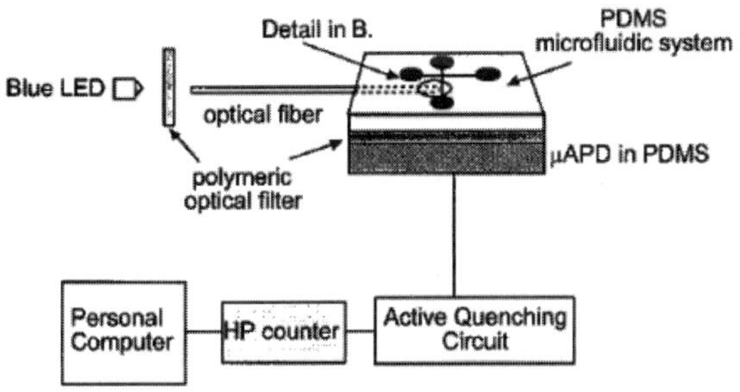

(a) 荧光检测系统示意图

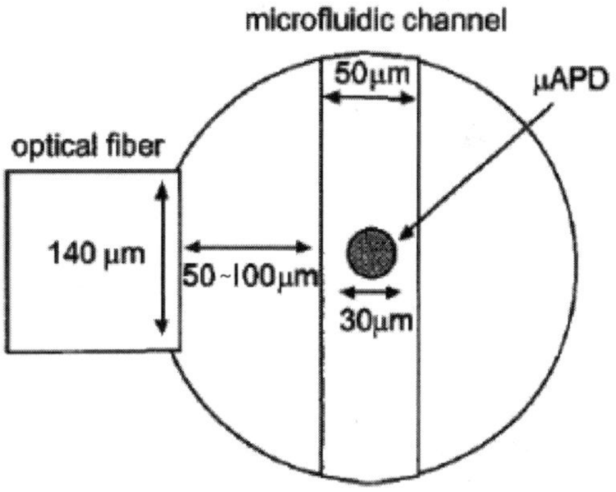

(b) 激发和检测区域放大示意图

图 1.11　集成光纤和微型雪崩二极管的 LED 诱导荧光检测系统

1.3.2 电化学检测

2002 年，Wang 等用铝膜作为电极，在 PMMA 电泳芯片上制作了一种非接触型电导检测器[89]，其结构如图 1.12 所示。检测器采用两电极体系，电极为 0.8 mm × 10 mm 的矩形铝膜，厚度为 10 μm，两个电极平行相对地用胶粘在 125 μm 厚的 PMMA 盖片上，电极距分离通道出口 570 μm，两者相距 700 μm，铝膜的尾部宽度增大到 4 mm，用铜线将电极与外部电子元器件相连。该检测器对 K^+、Cl^- 分别在低于 20 μmol/L 和 7 mmol/L 的浓度范围内呈线性关系，检测 10 次的相对偏差均在 5% 以内，各自的检测限分别为 2.8 μmol/L 和 6.4 μmol/L。

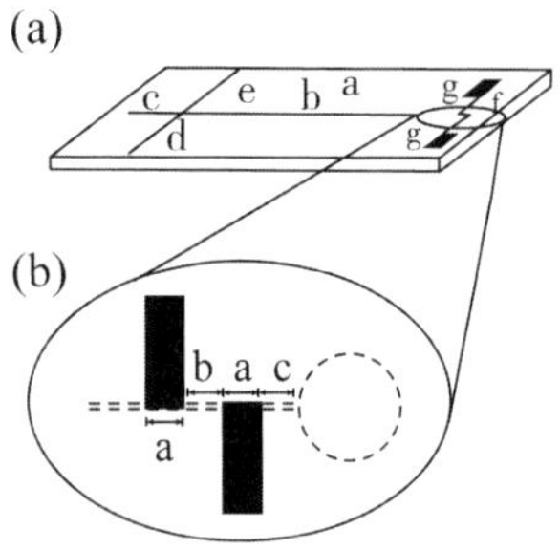

图 1.12　集成化电容耦合非接触型电导检测的毛细管电泳芯片

2004 年，Mathies 等提出利用鞘流减小毛细管电泳芯片柱端检测中的峰展宽，进而可以实现在通道出口 250 μm 处对分析物的检测 [90]。这种方法通过使用鞘流技术得以采用更宽的分离通道和更高的分离电压，同时减小电流波动对检测结果的影响。芯片及其检测系统的结构如图 1.13 所示，其中，鞘流通道长 1 cm，直径为 60 μm，与分离通道成 30° 角，工作电极置于通道出口 250 μm 处。系统对儿茶酚的检测限可达 4.1 μmol/L。

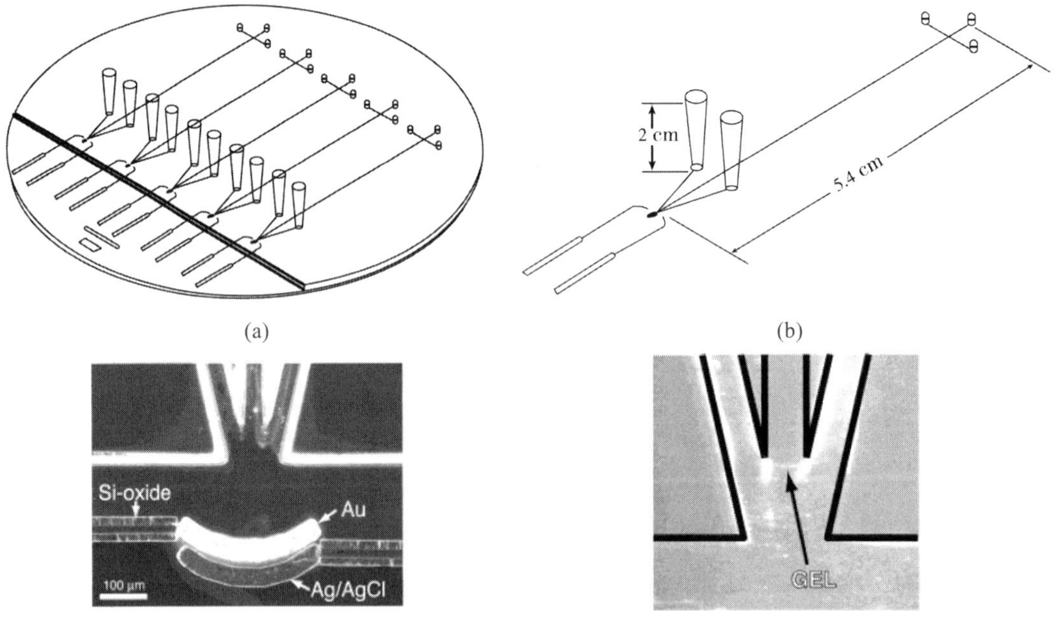

图 1.13　用于毛细管电泳芯片的鞘流柱端安培检测系统

2005 年，汪尔康院士等在毛细管电泳芯片上实现了电化学和电致化学发光的同步检测 [91]。他们在 ITO 玻璃上采用湿法腐蚀制作出宽度为 100 μm 的电极，将 PDMS 芯片的分离通道末端置于电极前面 30 μm 处，采用三电极体系对样品进行检测。在检测池中加入三联吡锭钌 $Ru(bpy)_3^{2+}$，$Ru(bpy)_3^{2+}$ 在电极上产生 $Ru(bpy)_3^{3+}$，当分离产物流入检测池时，一部分产物与电极上产生的 $Ru(bpy)_3^{3+}$ 反应产生电化学信号，一部分在电极上发生氧化还原反应产生电化学检测信号。由于 $Ru(bpy)_3^{3+}$ 的催化作用，电化学检测的电流大大增强，电流信号和电致发光信号同时被记录下来。由于电化学检测和电致发光检测使用同一个工作电极，方法更简单，制作难度和烦琐度也降低不少。

1.3.3 化学发光检测

化学发光（Chemiluminescence, CL）是在一些特殊的化学反应中，基态分子吸收反应中释放的能量跃迁至激发态，处在激发态的分子在返回基态的过程中以光辐射的形式产生的发光现象。化学发光检测通过测定发光强度确定被测样品的含量，无需激发光源、结构简单、信号背景低，可以获得与激光诱导荧光检测相似的高灵敏度。但是，化学发光试剂的选择性较差。经过近年来的不断发展，化学发光检测已在环境检测、药物分析、临床检验等领域得到了广泛的应用，不足之处在于高效的化学发光体系种类较少，主要集中于光泽精、草酸盐、过氧草酸酯等少数反应体系。

化学发光检测分为普通化学发光和电致化学发光检测。2000 年，日本的 Nakamura 等在单晶硅片上刻蚀出反应室、混合室和螺旋形通道，底部用玻璃封合，并在反应室中填入固定了乳酸氧化酶（LOD）的玻璃微珠，构成了如图 1.14 所示的集乳酸氧化酶反应器、混合池、螺旋形发光检测池为一体的集成芯片检测系统 [92]。

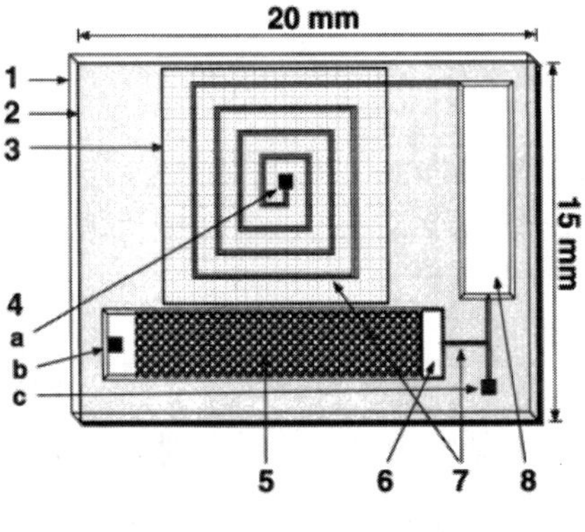

图 1.14 集成反应器、混合池和螺旋形发光检测池的化学发光检测系统

电致化学发光（Electrochemiluminescence, ECL）是化学发光检测与电化学检测的结合，具有装置结构简单、灵敏度高、反应程度可控制等优点。1997 年，瑞士的 Koudelka-Hep 研究小组使用半导体集成电路工艺在单晶硅片上制作出一种电致化学发光芯片检测系统。结构完全相同的两组硅光电二极管和 125 对叉指式微电极阵列（Interdigitated Microelectrode Array, IDA）被集成在 5 mm × 6 mm 的硅片上，分别作为电解发光检测区域

和参比区域（见图 1.15(a)）[93]，并在上面用 SU–8 光胶、环氧树脂和树脂玻璃制作了流通池结构（见图 1.15(b)）[94]。检测时，在电解发光检测区域的微电极阵列上施加电解电压使该区域产生电致发光，而参比区域的微电极阵列上不加电压，该区域不发光，通过测量对应区域的硅光电二极管的光电流之差来测定电致化学发光的强度。这种方法可以有效减少杂散光及硅光电二极管的暗电流影响，系统的检测限为 0.5 μmol/L。

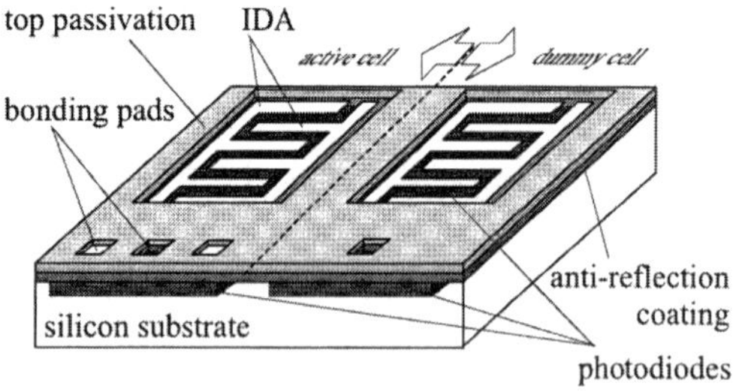

(a) 荧光检测系统示意图

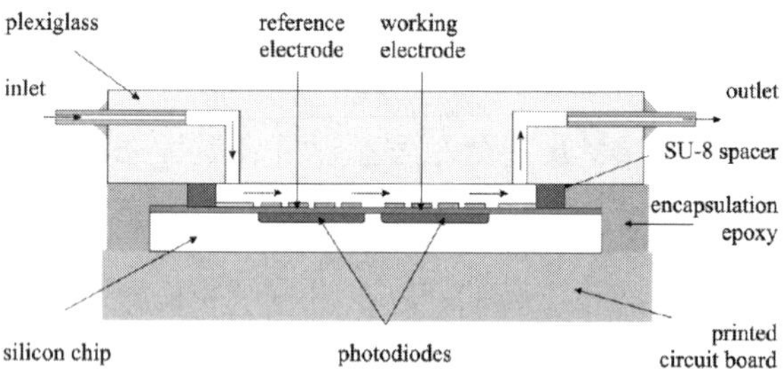

(b) 激发和检测区域放大示意图

silicon substrate—硅衬底；photodiodes—光电二极管；top passivation—顶部钝化；bonding pads—结合区；achive cell—实现单元；dummy cell—虚拟单元；anti-reflection coating—抗反射涂层；inlet—入口；outlet—出口；silicon chip—硅片；reference electrode—基准电极；plexiglass—有机玻璃；working electrode—工作电极；SU-8 spacer—SU-8 隔片；encapsulation epoxy—封装环氧树脂；printed circuit board—印刷电路板

图 1.15　叉指式微电极阵列电致化学发光芯片检测系统示意图

1.3.4　吸收光度检测

吸收光度检测是一种可测定物质种类多、结构简单的通用光学检测方法。与其他检测方法相比，其检测的灵敏度相对较低，应用受到一定的限制，这主要是由于芯片通道检测区域的检测体积小、吸收光程短导致的。通过增加检测池的吸收光程，可以使吸收光度检测的灵敏度有所提高。

2001 年，美国的 Collins 等使用 660 nm 的红色 LED 光源和光电二极管阵列制作出简单的准双光路吸收光度检测器（见图 1.16）[95]。入射光照射至十字毛细管电泳芯片通道上的检测点后，透射光经物镜聚焦后用光电二极管阵列进行检测，条形狭缝用来防止杂散光的干扰以改善系统的信噪比。他们在芯片通道宽 50 μm、深 20 μm 的条件下，用该检测器测定了 Arsenazo 17–U(17) 金属配合物，检测限达到了 23 μg/L。他们还采用类似的检测器，用 540 nm 的绿色 LED 光源和 PMT 器件，在芯片通道宽 200 μm、深 100 μm 的条件下，对 4–(2–pyridylazo)– 间苯二酚 – 过渡金属配合物的检测限达到了 1 μg/mL[96]。

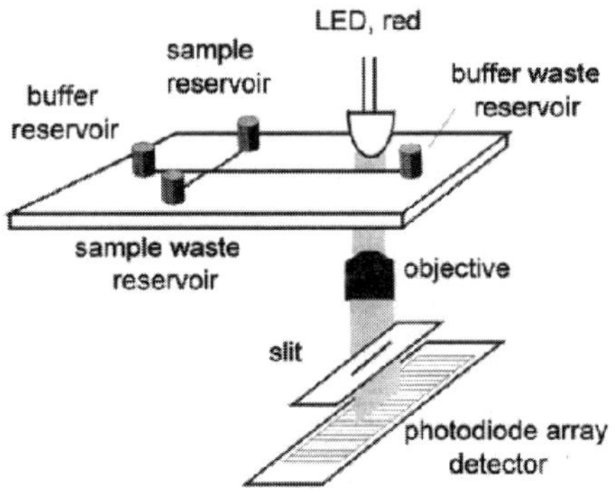

buffer reservoir—缓冲液池；buffer waste reservoir—缓冲废液池；sample reservoir—样品池；sample waste reservoir—样品废液池；objective—物镜；LED，red—红色发光二极管；slit—狭缝；photodiode array detector—光电二极管阵列检测器；

图 1.16　简单的准双光路吸收光度检测装置示意图

1.3.5　质谱检测

生物质谱作为生化分析的一种重要技术正在微全分析领域逐步展现出其作为芯片检测器的巨大潜力。20 世纪末，质谱仪器及相关技术的改进使蛋白质组学发生了革命性的变化，并从整体上变更了蛋白质分析技术,这一转变很大程度上归功于电喷雾离子化（Electrospray Ionization, ESI）和基体辅助激光解析离子化（Matrix Assisted Laser Desorption Ionization, MALDI）这两种软电离技术的应用。在微全分析系统中，由于电喷雾质谱与芯片的接口相对简单，因此电喷雾离子化质谱应用最为广泛，归纳起来主要有两种途径：一是借用毛细管电泳与 ESI 质谱的接口模式，在芯片出口处外接一段毛细管作为喷头；二是直接在芯片通道末尾加工出喷头结构。

最早的 MEMS 技术以玻璃、石英等材料进行微加工，早期芯片质谱的电喷雾接口即以这一技术为基础。1997 年，Xue 等将微流控芯片的通道直接对准质谱的进样口，质谱进样端接地，将芯片的样品池或者缓冲液池施加电压进行离子化[97]。同期，Ramsey 研究小组也组建了类似的装置[98]。这两种装置大大简化了芯片与质谱的接口，但这种开管式的电喷雾接口置于玻璃平面上，会在芯片的末端形成液体，大大影响离子化的效果。Figeys 等最早将毛细管连接到玻璃芯片上，毛细管通过一个不锈钢套管和一个纳米喷头连接进行蛋白质分析[99]。后来，Zhang 等在芯片与质谱接口处加上了喷雾化气和鞘流液，大大改进了这种接口的喷雾性能[100]。

2005年，Wang等报道了一种利用电喷雾沉积技术使芯片与MALDI–MS联用的方法[101]。聚碳酸酯芯片被固定在一个三维移动平台上，芯片通道末端距不锈钢MALDI靶板0.5 ~ 1 mm，样品经电喷雾直接沉积在不锈钢靶板上，随后进行离子化。为防止液体扩散，芯片末端有一PTEE薄膜以增加其疏水性。

本节讨论的各种检测方法的主要优缺点如表1.3所示。

表1.3　各种检测方法优缺点一览表

检测方法	优点	不足
激光诱导荧光检测	灵敏度高，尤其对于某些荧光效率高的物质可以达到单分子检测	分析物质需要具有荧光特性或者含有可通过衍生反应得到荧光信号的官能团；荧光标记有可能会造成分析物生化活性的改变，影响结果的可信度
紫外吸收光度检测	是一种通用型光学检测法，分析物质无需衍生或标记	灵敏度低，对芯片材料、结构有特殊要求；石英芯片制作工艺复杂、价格偏高
化学发光检测	灵敏度高，同其他光学检测法相比不需要光源；仪器设备简单，更易实现微型化和集成化	对检测池的设计有特殊要求，要求化学发光试剂和被测物质高效混合、充分反应；另外需要考虑反应本身对芯片的影响，如反应体系伴随有气体的释放，有些体系需要在非水溶剂中进行
电化学检测	灵敏度高、选择性好，体积小、装置简单、成本低，可以与微加工技术兼容，具有微型化和集成化的前景	被检测物质需要有电化学活性（安培检测），重现性较差
质谱检测	能够提供试样组分中生物大分了的基本结构和定量信息，在涉及蛋白质组学的研究中有着难以取代的作用	现行仪器体积庞大、价格昂贵，不符合芯片微型化的特点，只能用于芯片外检测；芯片同质谱的接口仍是发展的重点与难点
等离子体发射光谱检测	是无机分析领域灵敏度最高的检测方法，同芯片结合是解决环境分析中诸如元素形态分析等难点的突破口	等离子体同芯片的接口问题影响分离与检测效果
热透镜检测	灵敏度高，通用性强，被分析物无需任何衍生或标记	仪器精密、复杂、价格昂贵；不具有选择性，不能分辨不同分析物所引起的温度光强变化，不能用于复杂体系的分析
传感器	种类多，具有专一、快速、易于微型化和自动化的特点	部分生物传感器使用寿命偏短

1.4 毛细管电泳芯片系统的应用

由于毛细管电泳芯片具有分离效率高、分析速度快，样品消耗量少，污染小等优点，广泛应用于分析化学、生命科学、药物筛选、环境科学、临床医学、农学、燃料及食品科学等领域。从小的无机离子到生物大分子，从荷电粒子到中性分子，均能用毛细管电泳芯片技术进行分离分析，尤其是对样品珍贵、取样极少、基体复杂的生物大分子，毛细管电泳芯片技术更展现出特有的分离能力和广阔的应用前景 [102]。

1.4.1 基因结构与功能

基因结构与功能研究是毛细管电泳芯片应用最广泛的领域之一。目前为止，利用毛细管电泳芯片已进行了寡聚核苷酸 RNA 基因型和 DNA 分离、测序方面的分析，对寡聚核苷酸分析需要不到一分钟的时间，DNA 测序的时间不到 20 min。1994 年，Effenhauser 等首次利用凝胶毛细管电泳芯片进行了寡核苷酸混合物的快速分离实验 [41]，仅用 45 s 便实现了单链寡核苷酸的分离。1995 年，Mathies 和 Woolley 首次利用毛细管电泳芯片进行了基因测序研究 [8]，他们在有效分离长度为 3.5 cm 的通道内采用单色检测系统，10 min 内检测到的片段延伸长度达到了 433 个碱基；采用四色标记法，只用 540 s 便使单碱基识别的片段延伸长度达到了 150 个碱基，吻合度为 97%。1996 年，Jacobson 等首次利用毛细管电泳芯片进行了 DNA 限制性片段分析 [103]。1999 年，Shi 等则利用图 1.7(c) 所示的阵列毛细管电泳芯片进行了核酸的分析实验 [104]，他们在 120 s 内实现了 96 种 pBR322 限制性消化样品的分离。2002 年，Paegel 等利用 96 通道毛细管电泳芯片进行了高通量的 DNA 测序 [105]。其中，有 95 个通道成功获得了测序数据，平均可读片段长度为 430 个碱基。该芯片测序数据的速度达到了 1.7 kbit/min，是现在商业上所用阵列毛细管电泳芯片分析仪相应速度的 5 倍。

1.4.2 氨基酸、多肽及蛋白质分析

1993 年，Effenhauser 等首次使用十字交叉结构的毛细管电泳芯片 [106]，采用异硫氰酸酯荧光素（FITC）柱前衍生标记 15 s 内实现了 6 种氨基酸的分离检测。2002 年，方群等利用十字通道玻璃芯片对经 FITC 标记的精氨酸、甘氨酸、苯丙氨酸和谷氨酸进行毛细管电泳分离分析时 [107]，通过对进样储液池加以改进制成了连续换样流通式储液进样装置，实现了毛细管电泳芯片对氨基酸的高通量分析，最大通量可达 80 样 / 时。

蛋白质是生物体内一类极为重要的功能性大分子化合物，它的分离是生物系统分析中的一项重要组成部分，使用毛细管电泳芯片对蛋白质进行分离是目前的一个研究热点。

1997 年，Figeys 等采用毛细管电泳芯片电驱动顺序进样、串联质谱进样 [99]，分析了经胰蛋白酶降解的碳酸酐酶和牛血清白蛋白标准样品。1998 年，他们还进一步集成 9 个进样通道的玻璃毛细管电泳芯片与电喷雾 – 串联质谱联用 [108]，增大了样品分析通量。2000 年，Gottschlich 等采用图 1.9 所示的毛细管电泳芯片实现了蛋白质和肽的消化、分离和柱后标记 [87]，胰蛋白酶的消化只用 15 min 即在被加热的通道内完成，随后的分离过程只用了 1 min。

1.4.3 临床分析

毛细管电泳芯片分析技术在临床分析中的应用主要体现在细胞分析、免疫分析和酶分析中。2000 年，Ramsey 研究小组先后报道了玻璃毛细管电泳芯片的流式细胞计数技术，包括从大量细胞中分离癌细胞进行早期诊断的方法。他们在玻璃基片上刻蚀出十字通道，用荧光染料区分不同细胞；采用夹流进样、150 V/cm 的场强分离，激光散射和荧光双重检测。1996 年，Koutny 等首次将免疫测定与毛细管电泳芯片相结合 [109]，他们利用毛细管电泳芯片在 30 s 内分离了均相竞争免疫反应后的抗原 / 抗体复合物的游离标记抗原（Ag*）及待测抗原（Agx），建立了血液和尿液中可用的免疫测定方法。2001 年，Wang 等使用十字通道的玻璃毛细管电泳芯片 [110]，在电泳分离前进行碱性磷脂酶标记的抗鼠免疫球蛋白与鼠免疫球蛋白在线免疫反应，电泳分离后在线加入 4– 氨基苯磷酸底物，检测氧化还原反应产生的电流。

1.4.4 疾病诊断

在进行 DNA 分离及测序的基础之上，利用毛细管电泳芯片研究遗传性疾病和致病基因已初见成效。例如，毛细管电泳芯片分析技术可快速识别血色病等遗传性疾病，仅通过一个简单的基于 PCR 的限制性分析便可确认，如及时发现该病则可以治愈。1998 年，Simpson 等采用激光诱导荧光检测器 [111]，在具有 48 通道、96 个样品池的阵列毛细管电泳芯片上，通过两次进样在 7.6 min 内便完成了所有血色病样品的分析，平均每种样品的分析时间少于 5 s。因此，毛细管电泳芯片分析技术非常适合于大规模的群体筛选。

1.5 本书的研究思路

当前许多国家已经把现代科学仪器作为信息社会的源头和基础纳入其未来发展的战略

重点，分析仪器作为其中最重要的组成部分之一[112]，正处于以微型化、集成化为主要特征的重要发展时期，作为生化分析仪器发展前沿和重点的毛细管电泳芯片及其检测系统，也要面对分析仪器微型化所带来的新机遇与挑战。在这样一个研究背景下，本书以“多通道集成毛细管电泳芯片检测系统研究”为课题，试图在多通道毛细管电泳芯片检测系统的集成化与微型化方面有所突破。研究课题得到了国家自然科学基金（61074166，基于OLED及OPD的高通量集成微流控生物芯片及其检测系统研究）的支持，主要研究内容包括多通道毛细管电泳芯片的加工制作、基于光纤扫描及以LED/OLED为激发光源的诱导荧光检测系统构建等。

本书分为六章，第一章简要介绍了微流控芯片分析系统的特点、应用领域及发展历史，对毛细管电泳芯片系统的原理、特点、研究现状、检测方法及应用进行了综述，展望了毛细管电泳芯片系统的发展趋势，阐明了本书的研究背景及意义。

第二章介绍了毛细管电泳分离过程中的双电层、Zeta电势、电泳、电渗流、淌度、分离效率及分离度等基本概念，分别阐述了毛细管电泳芯片材料的选择及制作过程。

第三章阐述了荧光检测技术的机理，详细介绍了自行搭建的基于光纤扫描及雪崩光电二极管的激光诱导荧光检测系统的原理、结构、硬件构成及软件设计等内容，利用该系统对不同浓度的罗丹明B溶液进行了实际分离检测。

第四章在激光诱导荧光检测系统的基础之上，采用发光二极管（Light Emitting Diode, LED）代替半导体激光器作为光源，采用两片偏振方向互相垂直的线性玻璃偏振片代替传统检测系统中的一系列滤光片等光学器件，使检测系统的体积进一步减小，结构更加简单。

第五章采用表面贴附微透镜阵列薄膜的绿光有机发光二极管（Organic LED, OLED）作为激发光源，电荷耦合器件（CCD）作为荧光信号检测器件搭建出诱导荧光检测系统，旨在为多通道毛细管电泳芯片检测系统的集成化和微型化做出一些有益探索。

第六章是对全书工作的总结，概括研究工作的主要内容及研究成果，指出工作的创新之处，并对下一步的研究作出展望。

1.6 本章小结

介绍了微流控芯片分析系统的特点及应用，阐述了微流控芯片分析系统研究热点之一的毛细管电泳芯片系统的原理，对毛细管电泳芯片系统的特点、发展过程、研究现状、检测方法及应用领域进行了综述，在此基础之上提出了本书的研究思路。

2 毛细管电泳芯片的设计与制作

100 多年前，人们就对带电粒子在电场作用下的定向泳动即电泳（Electrophoresis）现象进行了研究。但是，电泳作为一种分离技术，直到二十世纪三四十年代才得到较快发展，进而成为研究生物大分子的重要方法，并对生物化学、分析化学的发展起到了重要的推动作用[113]。

电泳是电介质中带电粒子在电场的作用下以不同的速度向电荷极性相反的电极方向迁移的现象，利用这种现象对化学或者生物化学中的组分进行分离分析的技术被称为电泳技术。电泳技术有许多种，通常按照电泳条件中的某一特征来命名。若按照电泳所使用的载体来命名，可以分为自由溶液电泳、琼脂电泳、聚丙烯酰胺凝胶电泳、滤纸电泳等；若以电泳支持物的形状或位置命名，则分为 U 型电泳、柱状电泳、板状电泳等；还有按照原理命名的，如等电聚焦电泳、等速电泳、免疫电泳等。毛细管电泳（Capillary Electrophoresis, CE）是指在极细的毛细管中实现的电泳技术，是电泳技术和色谱技术结合的产物[114]。

2.1 毛细管电泳基本原理

毛细管电泳是离子或荷电粒子以外加电场为驱动力，在毛细管中按其淌度或分配系数的不同而进行的一种高效、快速分离的新技术。它最基本的结构包括直流高压电源、毛细管、进样装置、数据采集和处理系统等。毛细管电泳通常使用内径为 10 ~ 100 μm、12 ~ 120 cm 长的融凝石英毛细管（外涂聚酰亚胺），操作电压一般控制在 5 ~ 30 kV 范围内。在毛细管出口前端装有在线检测器，被分析样品可以采用重力法、抽真空法、电迁移法等多种进样方式由毛细管一端进入。

在广泛应用的毛细管区带电泳（Capillary Zone Electrophoresis, CZE）中，毛细管和电极槽内充有相同组分和相同浓度的背景电解质溶液（缓冲溶液），样品从毛细管的一端（进样端）导入；当在毛细管两端加上一定的高压后，荷电溶质便朝与其电荷极性相反的电极方向移动。由于样品各组分的淌度（单位场强下离子的平均电泳速度）不同，它们的迁移速度也不相同，由于样品在迁移过程中各组分分子的运动速度不同，将使样品溶液逐渐分成不同的区带，快者趋前，慢者落后。在高压作用下，经过一定的时间后，各组分将按其速度或淌度的大小顺序依次到达检测器被检出，得到按时间分布的电泳谱图（Electrophoresis Spectrum）。对于一个确定的检测系统，根据每个谱峰的迁移时间 t_m、谱峰的高度 h 或者峰面积 A，可以对检测样品进行定性和定量分析 [113]，这就是毛细管电泳分析的基本原理。

2.1.1 双电层与 Zeta 电势

1. 双电层

由界面化学可知：当固体与液体接触时，固体表面分子离解或表面吸附溶液中离子，在固 - 液界面上形成双电层。在水溶液中，多数固体表面带负电荷。按照近代双电层模型 [116]，在双电层溶液一侧有两层组成：第一层为吸附层，称为斯特恩（Stern Layer）层或紧密层（Compact Layer），在该层中与固体表面接触的特性吸附离子是部分脱水的，它可以是异号离子，也可以是同号离子，其外面主要是静电力吸附的水化离子对（Counter Ion），通过水化离子对中心连线构成的面称为 Stern 面；第二层为扩散层（Diffuse Layer），由 Stern 面外的剩余离子对构成，其电荷密度随着远离表面而逐渐与体相溶液接近 [113]。图 2.1 给出了双电层结构的模型及其电势随距离 x 的变化趋势。

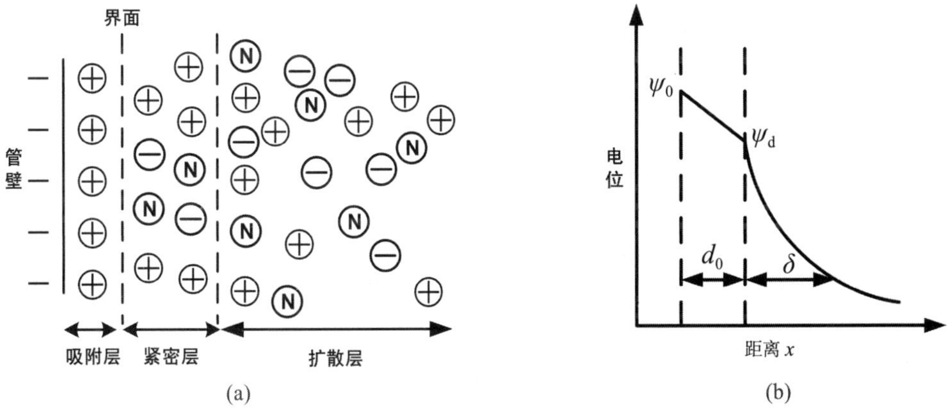

图 2.1 双电层结构模型 (a) 和相应的电势分布 (b)

对于熔融二氧化硅（简称熔硅）毛细管，上述两种途径都可能存在，很难加以区分。大量研究工作已经证明，在碱性和微酸性溶液中，熔硅表面的硅羟基（Si–OH）电离成

SiO^- 离子，使其表面带负电荷。负电荷表面在溶液中积聚相反电荷的离子对，形成双电层[113]。

2. Zeta 电势

图 2.1(b) 中的 ψ_0 为表面电势。在 Stern 层，表面电势线性地降至 ψ_d，它是 Stern 面与溶液内部的电势差，与特性吸附离子的性质和数量有关。剪切面（Shear Plane）位于 Stern 面外侧很近的地方，紧贴固相表面黏度迅速变化的区域。剪切面上的电位称为 Zeta 电势 ξ，它略低于 ψ_d，一般可认为 ξ 与 ψ_d 相等，但在表面吸附了非离子型表面活性剂或大分子后，剪切面外移，ξ 与 ψ_d 差别变大。当表面吸附大量离子或表面活性离子时，Zeta 电势会发生明显变化，甚至会改变符号[117]。

在扩散层内，Zeta 电势随着与表面距离的增大而按指数函数衰减。当 ψ_d 衰减到原来的 $1/e$ 时，此时与 Stern 面的距离定义为扩散层厚度 δ。Zeta 电势正比于此扩散层厚度，

可表示为：

$$\xi = 4\pi\delta e/\varepsilon \quad (2.1)$$

式中：e 为溶液中每单位面积总的过剩电荷；ε 为介质的介电常数[117]。扩散层厚度与电解质浓度 C 有关，或者确切地说与离子浓度有关。δ 可近似表示为[118]：

$$\delta \approx \left[3\times10^7|Z|C^{1/2}\right]^{-1}\ \mathrm{cm} \quad (2.2)$$

式中，Z 为介电子数。

熔硅表面上的 Zeta 电势正比于其表面上的电荷数与离子层厚度的乘积，但这些又受到离子的性质、缓冲液 pH 值、缓冲液中阳离子和熔硅表面间的平衡等因素的影响[119]。毛细管壁上的 Zeta 电势是毛细管电泳中的一个重要参数，对控制电渗流、优化毛细管电泳分离条件具有指导意义。

2.1.2 电泳与电渗流

1. 电泳

当一荷电粒子置于电场中时，它受到一个正比于它的有效电荷 q 和电场强度 $\overline{E}$ 的电场力 $\overline{F}$ 的作用：

$$\overline{F} = q\overline{E} \quad (2.3)$$

在电场力的作用下，荷电粒子以速度 $\overline{v}$ 作平移运动，与此同时它又受到一个与其速度成正比的黏滞阻力 $\overline{F_f}$ 的作用：

$$\overline{F_f} = f\overline{v} \quad (2.4)$$

式中，f 为比例常数，称为平动摩擦系数，与粒子的大小和形状有关。经过一定时间（$< 10^{-11}$ s）

后，两种力的作用就会达到平衡，此时粒子以稳态速度 $\bar{v}'$ 做匀速运动，于是[114]：

$$q\overline{E}=f\overline{v'} \tag{2.5}$$

对于球形粒子，按照 Stokes 定律

$$f=6\pi\eta r \tag{2.6}$$

式中：η 为介质黏度；r 为离子有效半径。式（2.5）可以表示为：

$$q\overline{E}=6\pi\eta r\bar{v}' \tag{2.7}$$

当使用荷电离子的 Zeta 电势 $\xi_e=q/\varepsilon r$ 来表示时，式（2.7）可表示为：

$$\bar{v}'=\frac{\varepsilon\xi_e}{6\pi\eta}\overline{E} \tag{2.8}$$

由此可见，荷电粒子在电场中的迁移速度除了与电场强度和介质特性有关外，还与粒子的有效电荷及其大小和形状有关。因此，粒子的大小与形状及其有效电荷的差异就构成了电泳分离的基础。

由于电泳速度与外加电场的强度有关，在电泳中通常用淌度 μ（Mobility）来描述荷电粒子的电泳行为与特性。电泳淌度定义为单位场强下离子的平均电泳速度[117]，即

$$\mu_{ep}=\overline{v_{ep}}/\overline{E} \tag{2.9}$$

2. 电渗流

在毛细管电泳中，电渗流（Electro-Osmotic Flow, EOF）指的是体相溶液在外加电场作用下整体朝一个方向运动的现象，如图 2.2 所示。处于扩散层中的阳离子，在负电荷表面形成一个圆筒形的阳离子鞘，在外加电场作用下，以剪切面为分界面，向阴极与 Stern 层做相对运动。由于这些阳离子是溶剂化的，当它们沿剪切面做相对运动时，携带着溶剂一起向阴极迁移，便形成电渗流[117]。

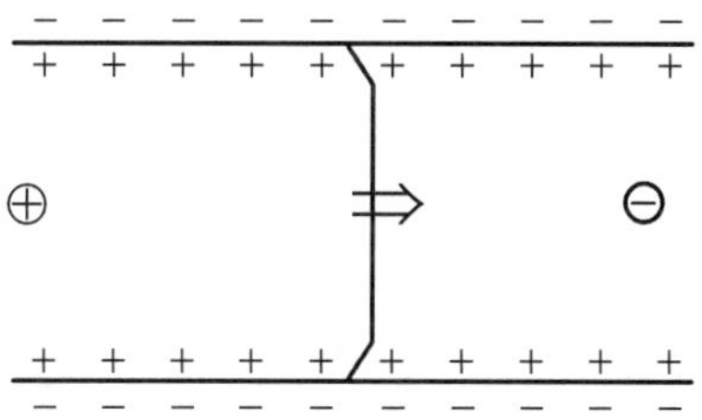

图 2.2　由毛细管壁引起的电渗流

电渗流的流速表示如下：

$$\bar{v}_{eo}=\frac{\varepsilon\xi}{4\pi\eta}\overline{E} \tag{2.10}$$

式中：ε 为介电常数；η 为缓冲液的黏度；ξ 为管壁附近剪切面的 Zeta 电势。

类似于电泳，常用电渗流系数或电渗流淌度（μ_{eo}）表示电渗流的大小：

$$\mu_{eo}=\overline{v_{eo}}\,/\,\overline{E} \tag{2.11}$$

在毛细管电泳分离中，电渗流引起电解质溶液从毛细管的一端向另一端流动。与高效液相色谱中压力驱动的抛物线流型（层流）相比，扁平流型（塞流）的电渗流有很大的优势。抛物线流型中，溶液在接近通道管壁处流速几乎为零，而中心处的速度是平均速度的两倍，将导致样品区带展宽，影响迁移，降低效率。而扁平流型的区带展宽效应较小，提高了分离度。两种流型的比较如图 2.3 所示。

图 2.3　电渗流 (a) 和高效液相色谱压力驱动流型 (b)

由式（2.10）可见，影响电渗流速度的主要因素有电场强度、管壁的 Zeta 电势和溶液特性，而 Zeta 电势受管壁材料及其表面特性和缓冲溶液性质的影响。归纳起来，影响电渗流的因素有电场强度、毛细管材料、缓冲溶液的成分、pH 值与浓度、温度等[114]。本文在后续电泳实验中，选用玻璃作为毛细管电泳芯片的制作材料；缓冲溶液为 89 mmol/L 的三羟甲基氨基甲烷［Tris(hydroxymethyl)aminomethane］、89 mmol/L 的硼酸（Boric Acid）和 2 mmol/L 的 EDTA（Ethylenediaminetetraacetic）用去离子水配制成的混合溶液，pH 值为 8.3，温度为室温 25 ºC。在上述条件确定的情况下，由式（2.10）可知：电场强度增加，电渗流将成正比增加，但电场强度过大将会导致焦耳热的增加，样品的生物活性将受到破坏。因此，芯片各储液池端口施加的电压值成为影响电泳检测的主要因素。

2.1.3　通道网络模型及液流控制

基于双电层原理，电泳芯片通过改变储液池端口所施加的电压来控制电渗流的流向和流量，实现对通道网络内流体的自动化控制操作。因此，研究并掌握复杂通道网络中影响电渗流的因素是十分必要的。本文中采用的十字形毛细管电泳芯片通道可视为四条通道的交叉电路网络，在此基础上建立了如图 2.4 所示的电压调控电渗流的电路模型。

毛细管电泳芯片在充满缓冲液的状态下，利用 $V\!-\!I$ 曲线粗略测量出 4 个端口之间通道的总电阻值（R_{12}，R_{13}，R_{14}，R_{23}，R_{24}，R_{34}），以交叉点为电阻分隔点求解联立的方程组，计算出 R_1，R_2，R_3，R_4。利用基尔霍夫定律，建立如式（2.12）~（2.16）的电路方程组，

在 U_1，U_2，U_3，U_4 已定的条件下，可以求出通道交叉点的电位 U_0，进而判断各通道内样品所受的电场力。由于电渗流作用下流体的流动总是随着电场力变化，因此，通过调节施加于各储液池的外加电压（U_1，U_2，U_3，U_4）即可调控各通道中液流的方向和速度，从而达到汇流、分流、进样等流动分析中必不可少的基本单元操作。

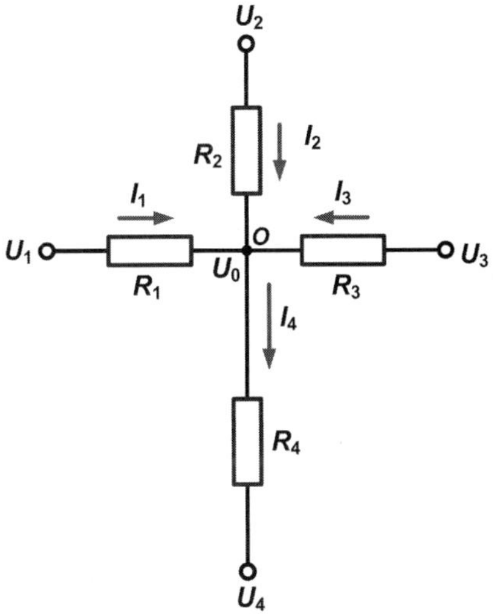

图 2.4　十字形毛细管电泳芯片微通道网络模型

$$I_1=\frac{U_1-U_0}{R_1} \tag{2.12}$$

$$I_2=\frac{U_2-U_0}{R_2} \tag{2.13}$$

$$I_3=\frac{U_3-U_0}{R_3} \tag{2.14}$$

$$I_4=\frac{U_0-U_4}{R_4} \tag{2.15}$$

$$I_4=I_1+I_2+I_3 \tag{2.16}$$

求解以上方程组可以得到交点处的电压为：

$$U_0=\frac{R_2R_3R_4U_1+R_1R_3R_4U_2+R_1R_2R_4U_3+R_1R_2R_3U_4}{R_1R_2R_3+R_2R_3R_4+R_1R_3R_4+R_1R_2R_4} \tag{2.17}$$

分离通道、进样通道的电场强度（单位长度上的电压）分别为：

$$E_1=\frac{U_1-U_0}{L_1}=\frac{1}{L_1}\frac{R_1R_3R_4(U_1-U_2)+R_1R_2R_4(U_1-U_3)+R_1R_2R_3(U_1-U_4)}{R_1R_2R_3+R_1R_2R_4+R_2R_3R_4+R_1R_3R_4} \tag{2.18}$$

$$E_2=\frac{U_2-U_0}{L_2}=\frac{1}{L_2}\frac{R_2R_3R_4(U_2-U_1)+R_1R_2R_4(U_2-U_3)+R_1R_2R_3(U_2-U_4)}{R_1R_2R_3+R_1R_2R_4+R_2R_3R_4+R_1R_3R_4} \tag{2.19}$$

$$E_3=\frac{U_3-U_0}{L_3}=\frac{1}{L_3}\frac{R_2R_3R_4(U_3-U_1)+R_1R_3R_4(U_3-U_2)+R_1R_2R_3(U_3-U_4)}{R_1R_2R_3+R_1R_2R_4+R_2R_3R_4+R_1R_3R_4} \tag{2.20}$$

$$E_4=\frac{U_0-U_4}{L_4}=\frac{1}{L_4}\frac{R_2R_3R_4(U_1-U_4)+R_1R_3R_4(U_2-U_4)+R_1R_2R_4(U_3-U_4)}{R_1R_2R_3+R_1R_2R_4+R_2R_3R_4+R_1R_3R_4} \tag{2.21}$$

根据电渗流理论，各个通道内的电渗流速度为：

$$V_{eoi}=\mu_{eo}E_i \tag{2.22}$$

式中：μ_{eo} 为电渗流淌度；V_{eoi}（$i=1, 2, 3, 4$）为各通道内的电渗流速度。

各个通道中电流的大小按照电阻定律为：

$$I_i=\frac{E_iL_i}{R_i}=\frac{E_iL_i}{\dfrac{\rho L_i}{A_i}}=\frac{E_iA_i}{\rho} \tag{2.23}$$

式中：ρ为通道内溶液的电导率；A_i（$i=1, 2, 3, 4$）为通道的横截面积。

因此可以得到如下的结论：

$$V_{eoi}\propto E_i\propto 1/L_i \quad i=1, 2, 3, 4 \tag{2.24}$$

$$I_i\propto A_i\propto 1/L_i \quad i=1, 2, 3, 4 \tag{2.25}$$

由式（2.17）、（2.24）、（2.25）可以得出：在毛细管电泳芯片的应用中，增加 R_1，R_2，R_3，能够提高交叉点电压 U_0，提高分离效果；同时减小 I_1、I_2、I_3 可以使在施加相同分离电压的情况下进样通道的电流较小，减小焦耳热效应。增加 R_1，R_2，R_3，可以通过减小通道横截面积和增加通道长度两种方法获得，在工艺条件允许的前提下，前一种方法更为理想，后者会增加进样时间。

根据上述理论，并参考课题组前期通过大量实验确定的夹样条件及制作十字形毛细管电泳芯片的参数，设定十字形芯片的进样通道长度为 10 mm，分离通道长度为 40 mm，$L_1=L_2=L_3=5$ mm，$L_4=35$ mm，通道宽度为 100 μm，深度为 60 μm；进样电压为 600 V，分离电压为 800 V，进样时间为 30 s。

2.1.4 分离效率与检测限

1. 分离效率

毛细管电泳中的分离效率用理论塔板数 N（Number of Theoretical Plates）来表示，其理论来源于色谱理论，用 Giddings 方程定义为：

$$N = l^2 / \sigma^2 \tag{2.26}$$

式中：l 为迁移距离，即有效长度；σ^2 是区带中浓度分布的方差（Variance）。在电渗流存在的条件下，N 用表观淌度 $\mu_{ef}+\mu_{eo}$ 表示为：

$$N = Vl / (\mu_{ef}+\mu_{eo}) / 2DL \tag{2.27}$$

式中：D 为溶质的扩散系数；L 为毛细管总长；V 为毛细管两端外加的电压。

式（2.27）表明：（1）使用高电场可以得到高分离效率；（2）较大的电渗流速度可以得到较高的分离效率，因为溶质在柱中的停留时间短；（3）扩散系数小的溶质（如蛋白质、DNA 等生物大分子）有较高的分离效率。用理论塔板高 H（Height Equivalent to Theoretical Plate, HETP）表示，则：

$$H = L / N \tag{2.28}$$

式中：L 为毛细管的长度；N 可用实验方法测定。

2. 检测限

所谓检测限是指在已知置信水平下，可检测到的待测物的最小浓度或质量，它与测定方法的灵敏度和本底信号的波动有关。本底信号的大小可用其平均值表示，测定时产生的信号可表示为 $S=\overline{S_b}+ks_b$（s_b 为多次本底信号的标准差）。S 究竟是完全来自仪器自身的噪声，还是其中包含了试样的信号，取决于 k 的取值。统计学表明，$k=3$ 时，有 95% 的可能在 S 中包含了试样信号，其大小为 $3s_b$。通过标准曲线斜率可将其转化为浓度（质量），这就是该方法的检测限 c_{DL}（m_{DL}）。

检测限的具体求算方法如下。

① 测定空白样品（或浓度接近空白值）10 ~ 20 次，求其平均值 $\overline{S_b}$ 及标准偏差 s_b，则可分辨的最小非噪声信号可表示为：

$$S_{DL} = \overline{S_b} + 3s_b \tag{2.29}$$

② 通过校正曲线的斜率 k，将最小待测物信号 S_{DL} 转化为浓度值 c_{DL}（m_{DL}），即：

$$c_{DL}(m_{DL}) = \frac{S_{DL}-\overline{S_b}}{k} = \frac{3s_b}{k} \tag{2.30}$$

③ k 值的计算：仪器分析中的定量是通过仪器的测量信号 S 与待测样品浓度 c 之间的函数关系实现的，这种函数关系通常表现为线性关系，即 $S=kc$。式中，k 值受仪器性能、测试条件等因素影响很大，在实际工作中通常采用标准曲线法进行定量。具体做法如下：采用相同处理方式配置一系列已知浓度（$c_1 < c_2 < \cdots < c_n$，通常 $n=5$）的标准溶液和待测

试样（c_x），并保证 $c_1 < c_x < c_n$，在相同仪器条件下分别测定相应的信号值。根据标准系列浓度与其相应的信号值，通过绘图或利用最小二乘法计算可获得信号和浓度间的线性关系，现在一般采用作图软件 Origin 或 Excel 处理数据，可同时获得直线图和线性方程，求得 k 值 [115]。

2.2 毛细管电泳芯片的设计与制作

芯片是微流控芯片实验室的核心，其研究主要涉及芯片的材料、尺寸、设计、加工制作和表面修饰等。了解芯片制备的全过程，体会芯片设计的重要性，是微流控芯片研究工作的基础。未来微流控芯片领域的竞争首先将是芯片设计和制造的竞争。

2.2.1 芯片材料的选择

芯片材料的选取是毛细管电泳芯片制作的关键问题之一。一般情况下，选取的材料应具有以下特点：与分离体系不发生反应，具有良好的惰性；表面修饰容易，易于产生电渗流，且电渗流易于控制；电绝缘性和散热性能良好；加工工艺成熟，键合封接性能良好；有利于检测信号通过，不产生噪声干扰信号。事实上，完全符合上述条件的芯片材料很难找到，在选择材料时一般都有所侧重。目前为止，用于制作电泳芯片的材料主要有三大类 [120]：刚性材料（玻璃、石英、单晶硅和无定形硅等）；刚性有机聚合物（聚苯乙烯、环氧、聚氨和聚甲基丙烯酸甲酯（PMMA）等）；弹性材料（聚二甲基硅氧烷（PDMS）等）。不同材料的优缺点对比如表 2.1 所示。

表 2.1 用于毛细管电泳芯片制作的不同材料优缺点对比

材 料	优 点	缺 点
单晶硅	强度好、耐腐蚀、散热性能好	易碎、价格昂贵、透光性和绝缘性差，不利于信号的检测、深度刻蚀较困难
有机材料	价格便宜、绝缘性良好、成形容易、易于批量生产、易获得高深宽比的微结构	导热性差、热封接后微通道容易变形
PDMS	价格便宜、绝缘性能好、成形容易	吸收短波长可见光，在使用激发诱导荧光检测时容易产生背景噪声
玻璃	散热、透光和绝缘性良好、制作工艺成熟，有较好的电绝缘和电渗流性能	易碎，键合过程复杂，不易重复使用

上述材料中，单晶硅片等硅质材料具有良好的化学惰性和热稳定性，使用光刻和蚀刻方法可以高精度地复制出二维图形或者复杂的三维结构。缺点是易碎、价格高、不透光、电绝缘性较差，因此在微流控芯片中的应用受到限制。石英和玻璃有很好的电渗和优良的化学特性，表面吸附和表面反应能力有利于表面改性，使用光刻和蚀刻技术可以将微结构刻蚀在石英和玻璃上。石英价格相对较高，仅在有特殊检测需求时使用，如单分子检测或紫外检测。玻璃具有一定的强度，电绝缘性、导热性和电渗流特性良好，可以反复使用，利用 MEMS 技术很容易在其表面制作出各种微通道网络形状。由于本书主要开展多通道毛细管电泳芯片检测系统的研究，因此从材料性能、工艺条件及成本角度考虑，选择玻璃作为毛细管电泳芯片的制作材料[120]。

2.2.2 毛细管电泳芯片的制作

微流控芯片基本组成单元的微纳米尺寸结构要求在芯片的制作过程中严格、认真地控制环境，这里涉及的环境指标通常有：空气湿度、空气温度及制备过程中所使用的各种介质中的颗粒密度。芯片制作较高的环境要求一般需要在超净间或洁净室内才能达到。洁净室技术与微流控芯片制作过程的成败密不可分。一般的洁净室由更衣室、风淋室、缓冲间和超净室组成。洁净标准按单位体积空气中一定尺寸悬浮颗粒的数量而定，数值越小，洁净度越高。

建设一个高标准的洁净室不仅需要高额的投资还会有比较高的运行成本。一个相对经济的取代方案是：在实验室安装较低标准的洁净室，在洁净室中安装一个超净工作台，其台面为达到 100 级的工作区域，借以完成芯片制作的一些关键流程。要在所选用的材料基板上构建出微纳米级通道和其他组件，微流控芯片的内壁光滑度要求很高，需要采用特定的微细加工技术。微细加工技术是将图形高精度转移到芯片上的技术，主要包括光刻和蚀刻等，已经广泛应用于半导体和集成电路制作中。玻璃等芯片的微细加工技术对环境和步骤的要求很高，操作过程必须严格按照工艺要求进行，使刻出来的图像重叠精度高、清晰，没有毛刺、小岛和针孔等缺陷。

采用 MEMS 技术制作玻璃材质的多通道毛细管电泳芯片，主要有两个步骤：① 在基片上制作出微流体通道网络结构，包括光刻掩模版的制作、光刻和腐蚀；② 基片和玻璃盖片封接成完整的毛细管电泳芯片，包括打孔、清洗和键合。下面分别介绍本文采用的多通道毛细管电泳芯片的主要制作工艺。

1. 光刻掩模版的制作

采用光刻和化学腐蚀技术制作毛细管电泳芯片，必须首先制备光刻掩模版，掩模的基本功能是基片受到光束照射时，在图形区和非图形区产生不同的光吸收和透过能力。掩模有两种结构，基底上涂覆的抗蚀剂也有正负之分，因此掩模与基底共有 4 种组合方式。通过它们的不同组合，可将掩模图形转印到基片抗蚀剂上，再经显影、刻蚀和淀积金属等工艺，获得诸如芯片电泳之类的图形结构。它的制作方法主要有照相法、胶片打印法、计算机辅助电子束法和光学法等。其中，计算机辅助电子束法和光学制版法分辨率高，可以制作出极微细、密集的网络；胶片打印法成本较低、简单快捷，但精度稍低。由于本文制作的多通道毛细管芯片的通道尺寸及其间距较大，故可采用胶片打印法制作光刻掩模版：利用 VISIO® 软件设计出芯片微通道的结构及宽度，并转换为 PDF 文件，然后通过高分辨率的打印机（一般在 3 500 dpi 以上）将设计的图形结构转移至透明胶片上，该光刻掩模版能够满足芯片设计的要求 [121]。

当光线照射到光刻掩模版上时，由于图形区和非图形区对光线的透射能力不同，经曝光和显影后光刻掩模版上的图形即可转移到基片上。本文选用长沙韶光铬版有限公司生产的 SG4006 型 (μm 级) 匀胶铬版作为基片材料，该铬版表面铬层厚 145 nm，AZ-1805 型光刻胶厚 570 nm[121]。

2. 光刻

光刻技术是指利用光敏物质的光化学反应，将光刻掩模版上的图形转移到目标材质上。本文采用的商用匀胶铬版表面带有 570 nm 厚的 AZ-1805 型正光刻胶，在光刻时省去了甩胶和前烘的步骤。光刻过程如下：

（1）曝光：将光刻掩模版覆盖在有光刻胶的铬版上，用光刻机光源发出的一定波长的紫外光透过光刻掩模版照射 50 s 左右，受到光照射的正光刻胶发生化学反应。

（2）显影：受到特定波长的紫外光照射后，光刻胶吸收一定的能量发生聚式分解化学反应，进而增加了感光部分在显影液中的溶解度。曝光后的基片放入显影液内，受到紫外光照射的光刻胶被去除，掩模版上的通道网络结构会精确地复制、转移至基片上。显影液为氢氧化钠和去离子水配成的溶液，两者的配比为 2 g ： 300 mL（ *w*/*v* ）。

（3）去铬：显影后的基片被置于铬腐蚀液中 1 ~ 2 min 以去除图形部分的铬层，然后用去离子水冲洗 2 min。铬层的腐蚀液为硝酸铈铵、高氯酸、去离子水混合液，其配比为 10 ： 9 ： 100（ *v*/*v*/*v* ）。

（4）后烘：为去除显影后胶层所吸附的显影液和残留的去离子水，去铬后的基片放入烘箱，85 ℃条件下烘焙 20 min，使显影后的胶膜进一步变硬以增强其抗腐蚀能力。

3. 腐蚀

腐蚀是对基底材料进行有选择去除的一种工艺，它通常利用适当的腐蚀方法对基片上未加保护的部分进行腐蚀，将光刻胶层上的平面二维图形加工成具有一定深度的立体结构。根据腐蚀剂的状态不同，可将腐蚀工艺分为湿法腐蚀和干法腐蚀两大类。

湿法腐蚀是通过化学刻蚀液和被刻蚀物质之间的化学反应将被刻蚀物质剥离下来的刻蚀方法。大部分湿法腐蚀是不容易控制的各向同性腐蚀。其优点是选择性好、均匀性好、对硅片损伤小，几乎适用于所有的金属、玻璃、塑料等材料。缺点是图形保真度不强，刻蚀图形的最小线宽受到限制。

干法腐蚀指的是利用气态的原子或分子产生的高能束与表面薄膜反应，形成挥发性物质，或者直接轰击薄膜表面使之被腐蚀的工艺。其最大的特点是能实现各向异性刻蚀，即纵向的刻蚀速率远大于横向的刻蚀速率，从而保证细小图形转移后的保真性。由于设备价格昂贵，目前干法腐蚀已经较少用于微流控芯片的制备。

本文采用湿法腐蚀工艺，微流体通道的腐蚀过程如图 2.5 所示。经上述光刻和显影工艺后，基片表面通道处的玻璃露出，其他非通道区域依然被铬层和光刻胶掩蔽。将基片置于玻璃腐蚀液中进行微通道腐蚀，腐蚀液配比为：氢氟酸：硝酸：去离子水 = 5 : 10 : 85（$v/v/v$）。腐蚀时间视腐蚀液的浓度和腐蚀的通道深度而定，当达到需要的通道深度后，去除光刻胶及铬层，得到具有微流体通道网络的玻璃基片[120]。

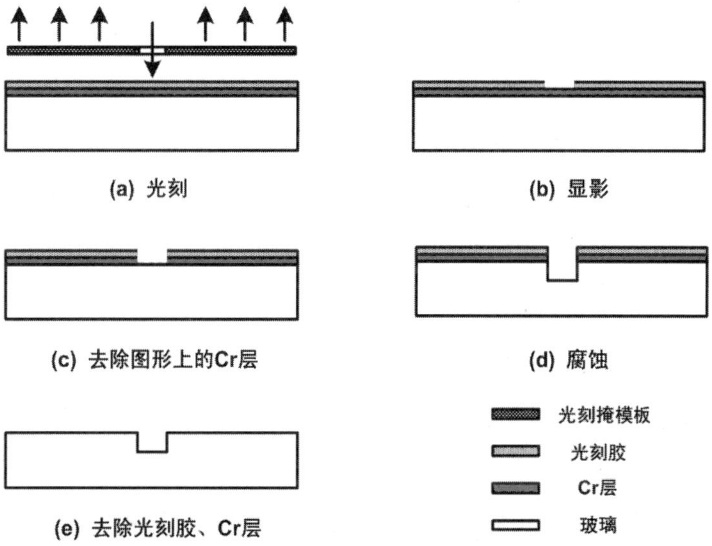

图 2.5 微流体通道腐蚀过程示意图

4. 打孔

毛细管电泳芯片上需要有储液池来承载样品及缓冲溶液，它们之间通过微通道网络相连，因此需要在玻璃材质的芯片上打出一定尺度的孔洞。普通钻床会造成玻璃芯片的崩裂，不适合在玻璃芯片上打孔；而超声波法打出的孔洞边缘清晰，玻璃芯片表面无损坏和裂痕。

本文采用汕头金士达超声机器有限公司生产的 CK–250L 型超声波打孔机，其钻头孔径为 2 mm、3 mm 可选，超声功率为 0 ~ 200 W 可调。在超声打孔过程中，功率的大小决定了钻孔的速度。功率越大,钻孔速度越快,但越容易在初始和结束阶段造成孔洞周边玻璃的崩裂。尤其在结束阶段，过高的钻速很容易造成芯片下表面崩裂，对键合工艺及样品流通造成不利的影响。因此，打孔过程中应适时调节打孔机的功率以保证孔径的边缘光滑[121]。

5. 键合

打孔后的基片用酒精棉球擦拭以去除光刻胶，然后置于铬腐蚀液中去除非图形部分的铬层，最后将其置于烧杯中，用氨水、双氧水和去离子水组成的混合液（1 ∶ 2 ∶ 5，*v*/*v*/*v*）煮约 10 min，待溶液自然冷却后，用大量去离子水清洗。

毛细管电泳芯片制作的最后一道工艺是将打有孔洞和腐蚀有微通道的基片与盖片键合在一起，这也是整个芯片加工过程中至关重要的一步。键合过程中不仅要保证基片与盖片间具有一定的黏合强度，微通道要完全密封，流体不会发生泄漏，同时也要防止微通道的变形和堵塞。因此，键合成为制作性能优良的毛细管电泳芯片的关键技术之一。

目前，以玻璃为基底材料的毛细管电泳芯片通常采用的键合方式有黏结、静电键合和热键合三种。黏结法又称低温键合，它通过在基片和盖片间涂覆黏结剂进行键合，要求玻璃表面非常洁净,对清洗程序要求严格,并要避免黏结剂堵塞毛细管电泳芯片的微流体通道。静电键合法通过在玻璃表面沉积一层诸如多晶硅、氮化硅等薄膜材料作为中间层，在两片玻璃之间施加约 700 V 的电压，待温度升至 400 ℃时即可实现两片玻璃的键合。热键合法一般在高温炉中采用程序温控法，在较高的温度下使玻璃表面熔融以达到键合的目的[120]。

热键合法工艺相对成熟，键合的强度较大，并且芯片的使用寿命较长，因此本文采用高温热键合法对基片和盖片进行键合。键合前，基片和盖片置于烧杯中，在热电炉上用氨水、双氧水和去离子水组成的混合溶液（1 ∶ 2 ∶ 5，*v*/*v*/*v*）煮沸，然后用去离子水反复冲洗。待清洗干净后，在去离子水环境中直接将基片和盖片贴合，然后移至 120 ℃的烘箱中烘焙 1.5 h，以避免基片与盖片的黏合面残留的去离子水在升温过程中迅速汽化而引起芯片爆裂。最后，将贴合好的基片和盖片放入马弗炉中进行高温键合。热键合法采用分步升降温方式，马弗炉的温度设定曲线如图 2.6 所示[121]。

键合过程中，芯片上方可以放置少许重物以获得更好的键合效果。重物的表面必须平整以保证受力均匀。如果芯片经一次热循环后还有部分区域未完全键合，可再次进行热循环以实现完全键合。

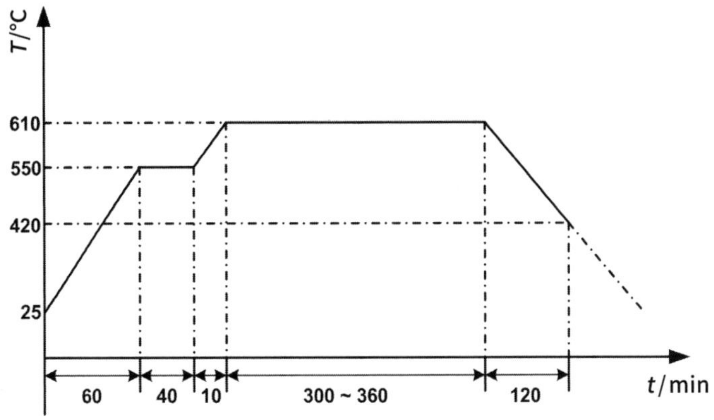

图 2.6 热键合升温曲线

综上可得毛细管电泳芯片的整体制作流程如图 2.7 所示。

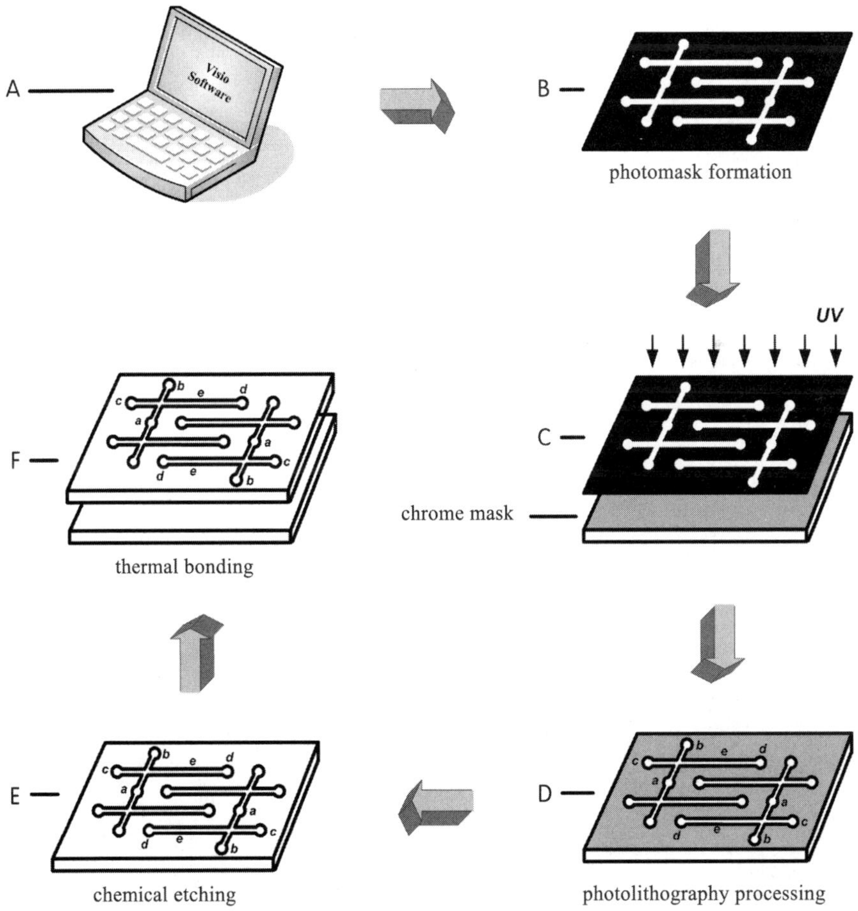

Visio software—Visio 软件；photomask formation—光刻掩模板；thermal bonding—热键合；chemical etching—化学蚀刻；chrome mask—铬掩模板；photolithography processing—光刻加工

图 2.7 毛细管电泳芯片整体制作流程图

2.3 本章小结

本章是全书研究的理论基础，首先介绍了毛细管电泳过程中的主要概念，包括双电层、Zeta 电势、电渗流、淌度、分离效率和分离度等；接着介绍了电泳芯片的制作材料、制作方法和键合方式；最后，从材料性能、工艺条件及成本角度考虑，分别选择玻璃和热键合作为毛细管电泳芯片的制作材料和键合方式。

3 基于光纤扫描的集成电泳芯片检测系统

激光诱导荧光检测法具有较高的灵敏度和信噪比，在毛细管电泳芯片检测系统中得到了广泛的应用，成为主要的检测方法之一。但是，由于系统光路部分体积较大、结构较为复杂，用于多通道芯片检测时需要附加更复杂的光学系统，不利于多通道毛细管电泳芯片检测系统的进一步微型化与集成化。本章试图从可用于科学研究的非大量分析样品的多通道毛细管电泳芯片检测系统研究入手，以期为其微型化与集成化的最终实现提供有效的解决方案。为此，设计了一种基于光纤扫描的四通道毛细管电泳芯片激光诱导荧光检测系统，该设计利用一对光纤组成激光导入及荧光传输的光路系统，并配以专门的通道识别电路，可以对4个不同分离通道内的样品信号进行识别及检测，实现不同通道内样品的并行检测。

3.1 荧光检测技术

物质的分子吸收可见光或紫外光后，能级随之跃迁至激发态，激发态分子在返回基态的过程中以辐射的方式全部或者部分释放出所吸收的能量，这种现象称之为光致发光（Photoluminescence, PL）。从量子力学理论上来讲，这一过程可以描述为物质吸收光子后跃迁至较高能级的激发态后返回低能态，同时释放出光子的过程。其中，荧光是最常见的光致发光现象之一。由于大部分生物分子本身不产生荧光或者产生的荧光信号较弱，因此人们通常采用具有强荧光性的标记试剂或荧光生成试剂将待测样品进行标记或衍生，进而生成具有强荧光强度的共价或非共价结合物，从而使系统的检测限大大降低，这就是荧光检测技术。荧光检测技术因其灵敏度高、试剂需要量少和选择性好等优点，在分析化学、药物筛选、疾病诊断，尤其是生物分析领域中得到了广泛应用。

3.1.1 荧光产生机理

荧光的产生本质上是一种光致发光现象，其产生机理可用图 3.1 所示的 Jablonski 能态图解释。一般来说，荧光的产生需要 3 个过程：吸收光子、跃迁至激发态和荧光光子产生。当荧光染料（Fluorescent Dye）受到某一特定波长的外界光源激发时，分子将吸收能量从基态 S_0 跃迁至激发态 S_2。若分子不发生化学分解，通常要迅速地回到激发态 S_1，若处于 S_1 能级的分子仍是不稳定状态，则分子将继续释放能量回到基态 S_1。回到基态的过程一般包含 3 种途径：（1）发生 S_1 至 S_0 的辐射跃迁过程中产生荧光现象；（2）发生 S_1 至 S_0 的内转化（International Conversion, IC）；（3）发生 S_1 至中间能态 T 的体系间窜跃（Inter System Crossing, ISC），处于 T 能态的受激分子再辐射跃迁至基态发出较荧光波长更长的磷光。这 3 种过程往往是同时发生的，其量子产率之和为 1。

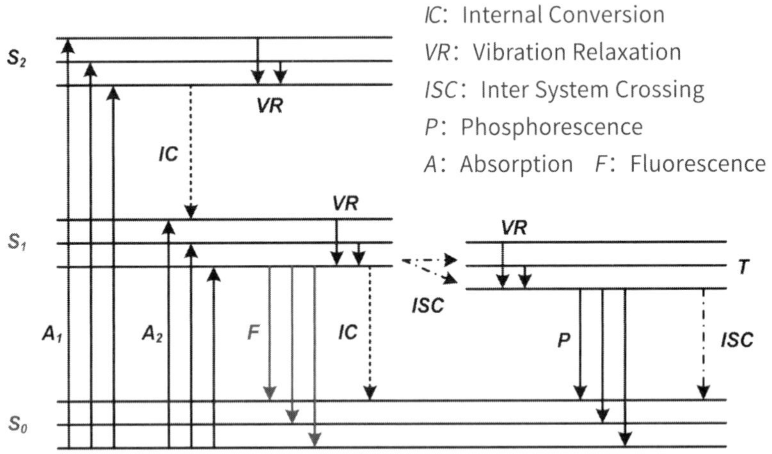

A_1、A_2—吸收；F—荧光；P—磷光；IC—内转化；ISC—体系间窜跃；VR—碰撞、振动、弛豫
Internal conversion—内转换；Vibration relaxation—振动弛豫；Inter system crossing—系间窜越；
Phosphorescence—发射磷光；Absorption—吸收；Fluorescence—发射荧光

图 3.1 荧光产生过程的 Jablonski 能态图

3.1.2 荧光性质

1. 激发光谱

激发光谱是指引起荧光物质发光的能力随波长变化的曲线，反映出该物质对外来激发光的响应，可以表征什么波段的激发光对发光最有效。在进行荧光检测时人们可以根据激发光谱选择合适的激发光源。

2. 发射光谱

使激发光的波长和强度保持不变，而让荧光物质所发出的荧光通过发射单色器照射于检测器上（亦即进行扫描），以荧光波长为横坐标，荧光强度为纵坐标作图，即为荧光发射光谱。其可作为荧光检测时选择合适滤光片的依据。在物质的荧光发射光谱中，观察到的荧光波长总是大于激发光波长，两者之间的差值称为斯托克斯（Stokes）位移，即在激发和发射过程之间存在一定的能量损失。

3. 荧光强度

荧光强度（Fluorescence Intensity）是指在一定条件下检测仪器所测得的荧光物质发射荧光大小的一种量度，它除与物质本身的荧光量子产率有关外，还与溶液介质、周围环境及仪器性能有关。Lambert–Beer 定律指出，一定浓度范围内溶液中荧光物质受激发产生的相对荧光强度可表示为：

$$I_f = KY_F I_0 (1 - e^{-\varepsilon cl}) \tag{3.1}$$

式中：I_f 为荧光强度；K 代表仪器常数；Y_F 和 I_0 分别表示荧光量子效率及激发光强度；ε 为荧光物质分子的摩尔吸光系数；c 为溶液中荧光染料的浓度；l 表示荧光池厚度。

当溶液浓度很低（$\varepsilon cl \leqslant 0.05$）时，上式中括号内的 $e^{-\varepsilon cl} \approx 1-\varepsilon cl$，式（3.1）可写为：

$$I_f = KY_F I_0 \varepsilon cl \tag{3.2}$$

式（3.2）表明：某一稀浓度的荧光物质溶液，在一定频率和强度的光照射下所产生的荧光强度与溶液中该荧光物质的浓度成正比。

4. 荧光寿命

分子在激发态的平均停留时间称为荧光寿命。如果分子受激后迅速弛豫，则可以实现多次激发，因此荧光寿命短时可以提高检测灵敏度。大多数荧光物质的荧光寿命为 10^{-9} ~ 10^{-7} s，如荧光素为 4 ns。此外，特别长的荧光寿命对于高灵敏度检测同样有意义。例如，利用稀土离子配合物的长荧光寿命建立的时间分辨荧光测量技术，可极大地提高检测灵敏度。

不同的荧光物质其激发光谱和发射光谱各不相同，利用这一特性可用荧光进行物质的鉴别。根据试样的图谱和波长与已知样品进行比较，可以鉴别试样和标准样品是否为同一物质。与吸收光谱法相比，荧光法具有更好的选择性。

利用较低浓度下荧光强度与样品浓度成正比这一关系，可以定量分析样品中荧光组分的含量，常用于测定氨基酸、蛋白质、核酸等物质的含量。这种定量测定方法还可应用于酶的催化反应，只要反应前后荧光强度发生变化，就可用来测定酶的含量及酶反应的速率等。此外，荧光技术在免疫学中也有着广泛的应用。将某些荧光染料与血清抗体结合，这种经过标记的抗体仍可专一地与相应抗原发生反应，反应后形成的复合体具有荧光特性，从而可以确定抗原或抗体的存在及其含量。

3.2 检测分析系统设计

3.2.1 检测系统结构及其功能

本文设计的扫描式四通道毛细管电泳芯片激光诱导荧光检测系统结构如图 3.2 所示，它主要由机械扫描单元、荧光信号检测光路、光电转换单元和多通道识别单元组成，各部分工作原理如下：

1. 机械扫描单元

与齿轮、转盘相连的电动机在一定速率下做匀速圆周运动，从而使扫描轴在曲柄的带动下在毛细管电泳芯片上方做一定角度的扇形扫描运动，进而使固定在扫描轴上的激发光纤和接收光纤也随之在芯片上方做往复的扫描，实现了多通道扫描功能。

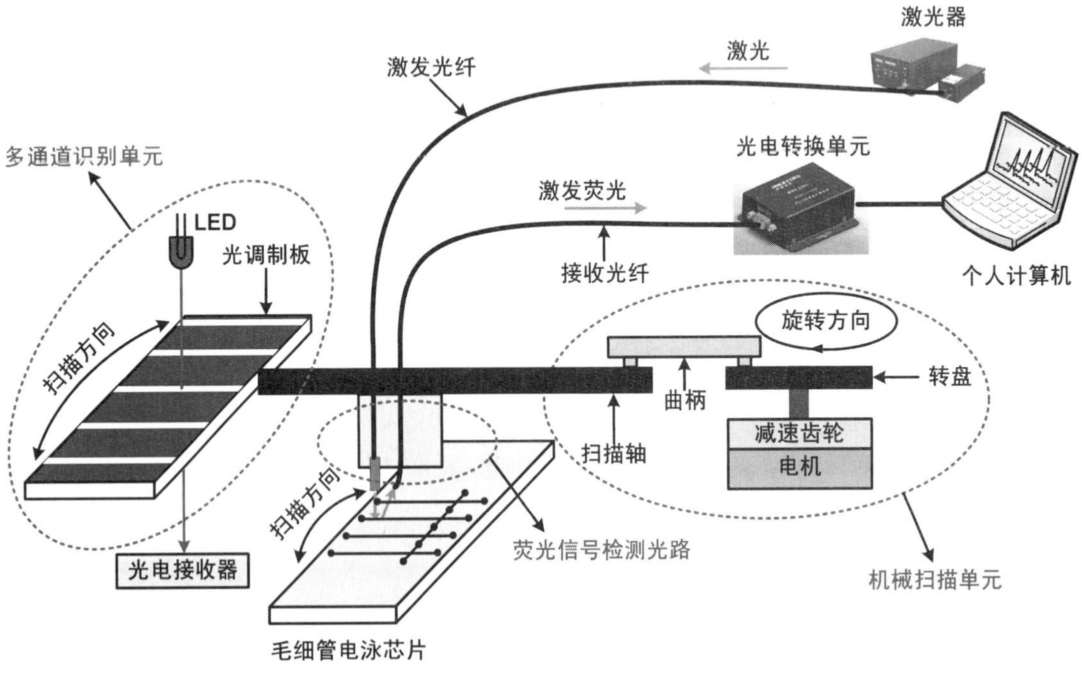

图 3.2 扫描式四通道毛细管电泳芯片激光诱导荧光检测系统结构示意图

2. 荧光信号检测光路

激光器发出的绿色激光束经激发光纤照射至多通道毛细管电泳芯片的表面，当光束扫描至电泳芯片上的微分离通道时，微通道中的荧光染料罗丹明 B 样品溶液在激光的激发下产生波长为 580 nm 的荧光信号，该荧光信号通过接收光纤传输至光电转换单元进行处理。

3. 光电转换单元

由于毛细管电泳芯片采用的是玻璃材料，不可避免地在其表面会发生光的反射和折射现象，导致在接收光纤中传输的不仅有样品溶液受激发产生的荧光，同时还有在芯片表面部分反射和散射的激发光。反射光及散射光是与被测荧光信号无关的噪声信号，为削弱其对检测结果的影响、提高检测系统的信噪比（Signal to Noise Ratio, SNR），需要在信号处理单元中将其滤除掉。

4. 多通道识别单元

多通道识别单元由黑白区域相间的光调制板、发光二极管、光电接收器及信号处理电路组成。其中，光调制板上条形的白色透光区域和黑色遮光区域相间排列，透光区域的宽度和相邻区域之间的距离，与多通道毛细管电泳芯片微分离通道的宽度和相邻分离通道之间的距离具有相同的对应关系。

当发光二极管发出的光束照射至光调制板上的白色透光区域时，多通道识别单元的光电接收器检测到光信号，输出高电平；反之，当光束照射至黑色遮光区域时，光电接收器检测不到光信号，输出低电平。这样，当光调制板在扫描轴的带动下在毛细管电泳芯片上方往返扫描时，多通道识别单元的光电接收器的输出端得到一个脉冲序列。通道识别脉冲序列如图 3.3 所示，当扫描轴从左向右扫描时，脉冲信号 1 和 2 之间对应的是毛细管电泳芯片最左端的分离通道①，脉冲信号 2 和 3 之间对应分离通道②，依此类推；反之，当扫描轴从右向左扫描时，脉冲信号 5 和 4 之间对应分离通道④，脉冲信号 4 和 3 之间对应分离通道③，依此类推。当扫描轴往复扫描时即实现了多通道识别功能。

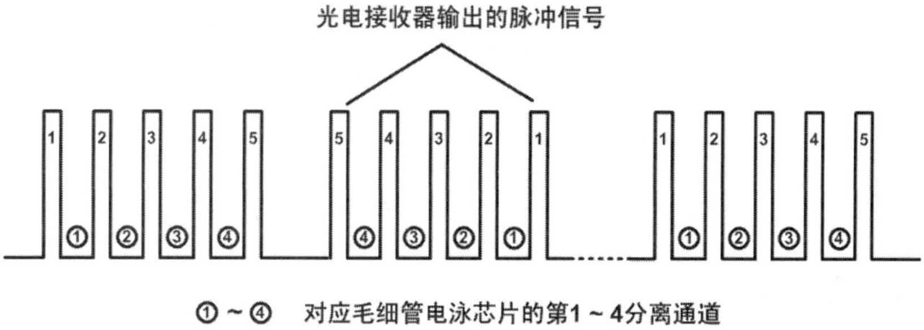

图 3.3　四通道毛细管电泳芯片通道识别脉冲序列图

3.2.2 机械扫描系统设计

检测系统采用往复扫描方式实现多通道检测和通道识别功能，往复式扫描的运动形式可以由圆周运动转换而来，因圆周运动相对比较容易实现。在实际的工程应用中，实现上述转换的方法主要有凸轮法和曲柄法。凸轮是一种绕固定轴线转动并具有变化矢径的盘形构件，根据凸轮的形状可以分为移动凸轮、盘形凸轮和圆柱凸轮。其中，移动凸轮和盘形凸轮属于平面凸轮结构，其与从动件之间的相对运动为平面运动；圆柱凸轮属于空间凸轮结构，其与从动件之间的相对运动为空间运动。凸轮法在实际的设计中存在一定的难度，并且加工成本较高。与凸轮设计需要解决诸多问题相比，曲柄法则显示出简单化的特点。由于本章设计的扫描检测系统对往复运动的要求不是十分严格，因而机械系统采用曲柄法进行运动形式的转换。

为使检测系统在扫描运动过程中工作稳定，选用铁板作为仪器的底座，小型电动机固定于底座之上，安装在电动机上的圆盘在电动机的带动下做匀速圆周运动。曲柄的一端安装在圆盘上，另一端连接扫描轴。通道识别单元安装在扫描轴的外侧，具有水平和竖直两个方向的自由度，这种设计可以灵活地调整通道识别单元，使识别信号与通道检测信号同步，实现通道的精确识别。此外，直流电机用于驱动光路的切换开关，为得到较大的输出力矩，系统采用自带减速装置、12 V 电源供电的小型直流电机。组装好的机械扫描系统实物照片如图 3.4 所示。

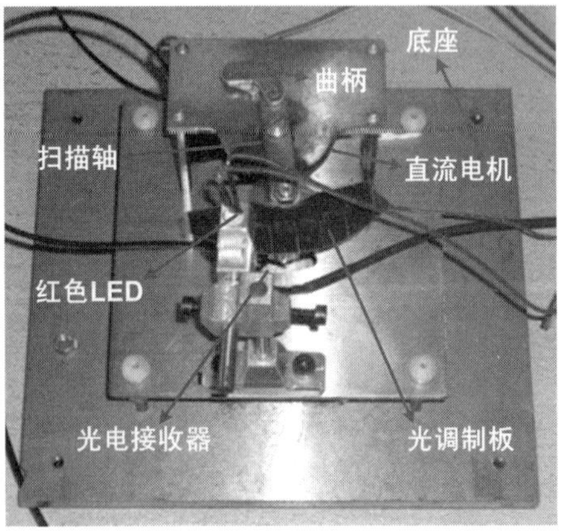

图 3.4 机械扫描系统实物照片

3.2.3 检测光路设计

本章设计的荧光检测光路结构如图 3.5 所示，其主要部件包括激发光源、光纤、光路架、微型聚焦透镜、滤光片和光电转换器件等。其中，激发光源从发射波长、输出功率、发光模式等方面考虑，选用绿光半导体固体激光器（Diode Solid State Laser, DSSL），其发射波长为 532 nm，发射功率为 5 ~ 50 mW 范围内连续可调，并将其与单模光纤直接耦合。

本文采用罗丹明 B（Rhodamine B）荧光染料作为分析样品，它在绿色激光的激发下将产生波长为 580 nm 的荧光。为使到达光电转换器件的信号只包含有用的荧光信号，中心波长为 578 nm 的窄带滤光片被置于光电转换器件前端，以滤除掉玻璃芯片表面反射及散射的激发光，提高检测系统的信噪比。为使激发光纤发射出的光聚焦到一个点上，激发光纤的头部安装了微型聚焦透镜。聚焦透镜采用澳谱光通讯器件（上海）有限公司生产的自聚焦透镜，其透过率大于 89%，数值孔径（Numerical Aperture, NA）为 0.46，参数透过率大于 89%，最大节距为 0.5 p。此外，接收光纤的轴线需要与照射在电泳芯片上的激光检测点相交以尽可能多地接收荧光信号。为保证激发光纤和接收光纤的相对位置固定不变，系统专门设计加工了一个光路架，两条光纤之间的相对位置不会随扫描轴的移动而发生改变。

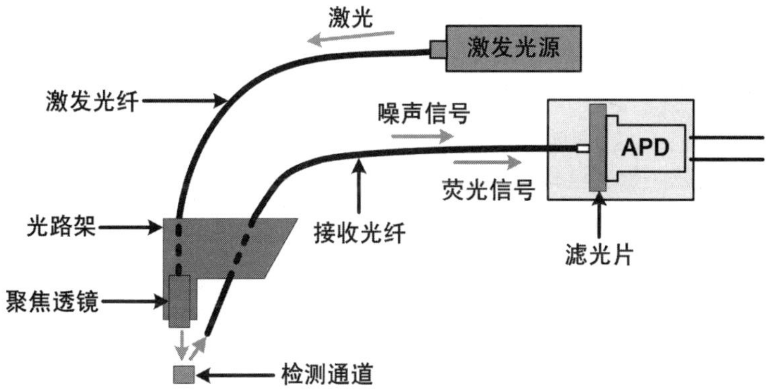

图 3.5　荧光检测光路结构示意图

为使器件的体积尽可能小，同时保证较高的光电转换灵敏度，光电转换器件选用美国 PerkinElmer 公司生产的 C30902E 型雪崩光电二极管（Avalanche Photo Diode, APD）。该器件的特性为：在 400 ~ 1 000 nm 波长范围内具有很高的灵敏度及很快的上升和恢复时间；噪声低、体积小，有效感光面积为 0.2 mm^2；在较低偏压下增益较高，对单光子检测灵敏度为 50%；长时间下正向和反向工作电流分别为 5 mA 和 200 μA，最大功耗为 60 mW。雪崩光电二极管工作时在反向击穿点附近达到最高灵敏度的条件是给其施加合适的直流高压，系统采用定制的高压电源模块为雪崩光电二极管提供稳定的偏置电压。高压电源模块尺寸为 45 mm × 23 mm × 15 mm，工作电压为 12 V，输出电压受外部输入的 0 ~ 5 V 电压控制，输出范围为 0 ~ 400 V 连续可调。

3.2.4 高压电源系统

在毛细管电泳进样和分离过程中，各储液池的电压值及其切换速度是整个芯片分析检测过程中的关键因素，提供动力的高压电源系统在整个毛细管电泳芯片分析检测系统中具有举足轻重的作用。

基于便携性、可靠性和安全性考虑，采用集成高压模块组建毛细管电泳芯片高压电源系统。高压电源模块由直流 24 V 电源供电，输出电压范围为 0 ~ 5 000 V，输出电流范围为 0 ~ 0.25 mA。电压监测端与高压输出端比例关系为 1 ∶ 1 000，调节端的输出电压范围为 0 ~ 5 V，即由低压输出端输出的 0 ~ 5 V 电压控制 0 ~ 5 000 V 的高压输出，且为线性对应关系。

STM32F103 微处理器是整个高压电源系统的核心，它通过闭环系统对高压模块进行控制。放大滤波电路对高压模块监测端的信号进行处理后，将电压信号送到微处理器中内置的 ADC，微处理器根据预设的电压值与输入 ADC 的电压值进行比较，处理后由 ADC 控制高压模块的输出电压。整个系统通过继电器阵列实现电极的切换，保证每次都有三路高压输出，每一路输出的直流电压为 0 ~ 5 000 V 范围内连续可调；输出最大电流为 0.25 mA；电压调整率小于 0.1%，系统具有短路保护功能。

3.2.5 芯片设计与制作

由于本文侧重于多通道毛细管电泳芯片检测系统的设计，因而在芯片设计中没有过多考虑如何使芯片体积更小的问题，故本文只设计出便于检测的四通道毛细管电泳芯片。芯片结构及实物照片如图 3.6 所示，其进样通道长 10 mm，分离通道长 40 mm，检测点与十字交叉点处的距离为 30 mm；通道深 60 μm，宽 100 μm，储液池直径为 2 mm，容积约为 5 μL；整个芯片尺寸为 60 mm × 50 mm。芯片的制作过程如本书 2.2.2 节所述。

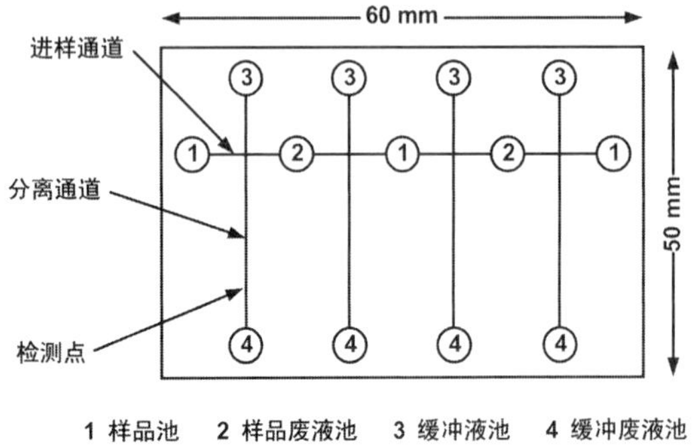

(a)

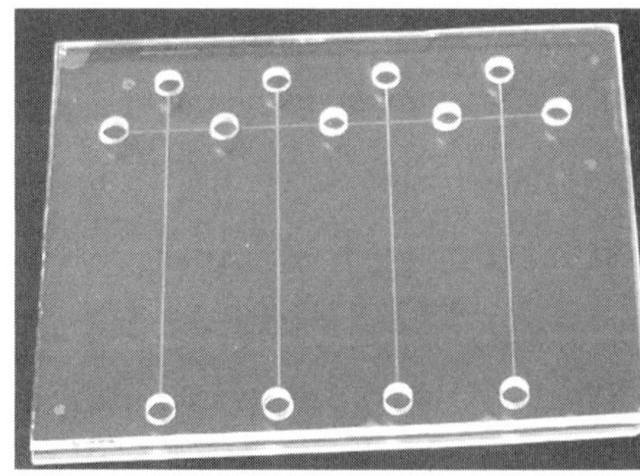
(b)

图 3.6 四通道毛细管电泳芯片结构 (a) 及实物照片 (b)

3.3 嵌入式控制系统设计

3.3.1 嵌入式控制系统总体结构

嵌入式控制系统采用 STM32F103 微处理器为核心芯片，利用其内置的直接内存存取、模数转换、通用串行总线和通用异步收发 / 传输等控制器实现数据的采集和上传等功能。系统的总体结构如图 3.7 所示，由 STM32F103 微处理器、光电转换单元（包括光电传感器、低噪声放大器、低通滤波器）、电源及外围电路、RS232 接口电路和 USB 接口电路等组成。

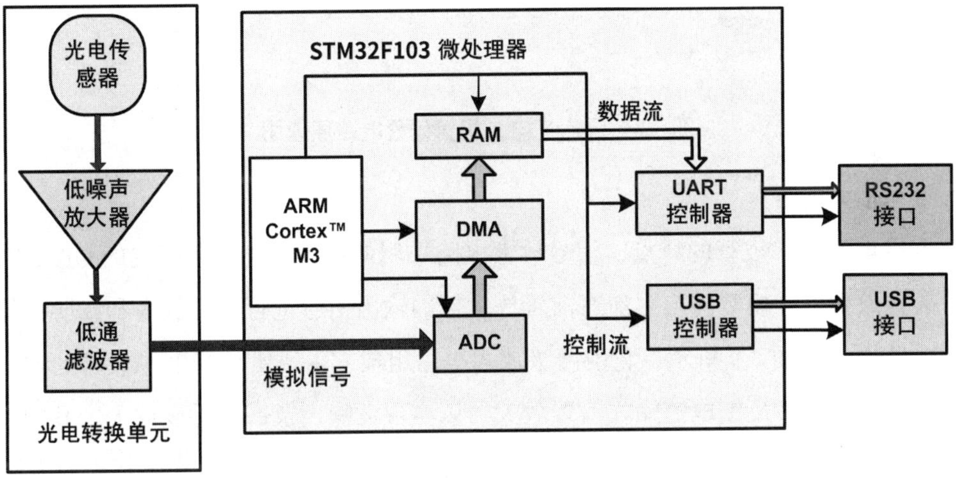

图 3.7　嵌入式控制系统整体结构图

3.3.2 光电转换电路

与光电倍增管和 PIN 型光电二极管相比，雪崩光电二极管具有体积小、灵敏度高、偏置电压低和增益大等优点，适合微弱荧光信号的测量，因此，系统采用美国 PerkinElmer 公司生产的 C30902E 型雪崩光电二极管作为光电转换器件。因其击穿电压较高，增益对外加偏压变化敏感，所以采用定制的高压模块作为偏置高压源。

1. 雪崩光电二极管偏置电路

雪崩光电二极管偏置电路如图 3.8 所示。其中，C_1、C_2 为电源滤波电容，R_1 为高精度电位器，集成运算放大器 LM358 实现电压跟随功能。电位器的电压信号通过电压跟随器送到高压模块的输入控制端，电路通过改变 R_1 调节输出偏置电压。

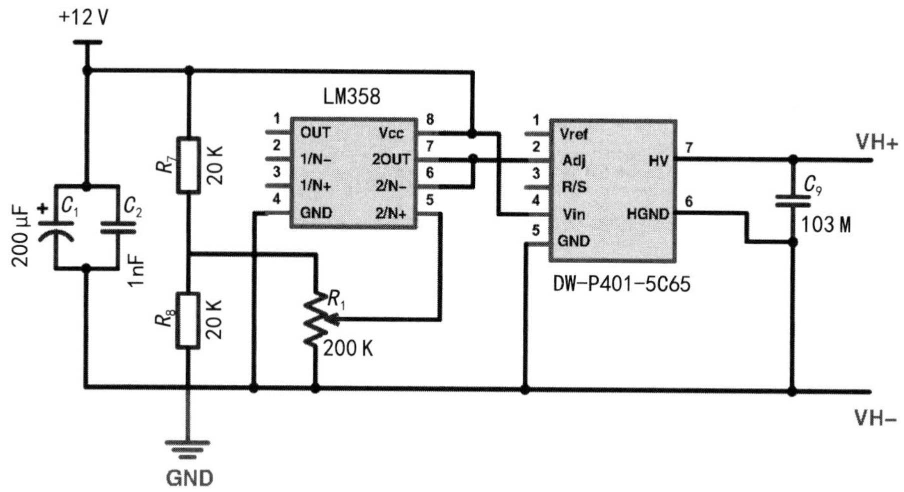

图 3.8 雪崩光电二极管偏置电路原理图

2. 信号放大电路

根据雪崩光电二极管的特点，信号放大电路采用低噪声、高输入阻抗的 OPA337 放大器进行前置放大，在模数转换之前对前置放大器的输出信号进行二次放大和二阶滤波。信号放大电路原理如图 3.9 所示，它由两级放大电路组成。由于雪崩光电二极管的输出为电流信号，电路采用负反馈电流输入前置放大器以实现低噪声及高灵敏度放大。其中，电位器用来调节运算放大器的参考端电压，对微弱荧光信号进行无失真放大；运算放大器 U7A 和电阻 R_{52} 构成负反馈电流输入放大器，用于对雪崩光电二极管的输出信号进行放大，C_{67} 为相位补偿电容；运算放大器 U8A 和电阻 R_{53}、R_{55} 构成反向比例放大电路，用于对第一级放大器的输出信号进行二次放大。

3. 低通滤波电路

在多通道扫描式激光诱导荧光检测系统中，为了最大限度地削弱噪声信号对检测结果的影响，需要对输出的脉冲信号进行滤波，本文采用二阶压控电压源（Voltage Controlled Voltage Source, VCVS）有源低通滤波器。根据奈奎斯特采样定理，在进行模拟 / 数字信号转换的过程中，当采样频率不小于信号中最高频率的 2 倍时，采样之后的数字信号即可完整保留原始信号中的信息。由于电路设计中的最低采样频率为 7 kHz，截止频率小于 3.5 kHz 的滤波器都可以满足需要。

二阶 VCVS 有源低通滤波器的电路原理如图 3.10 所示，其截止频率 f_c 和增益 K 为：

$$f_c=\frac{1}{2\pi\sqrt{R_{43}R_{44}C_{47}C_{49}}} \tag{3.3}$$

$$K=1+\frac{R_{44}}{R_{43}} \tag{3.4}$$

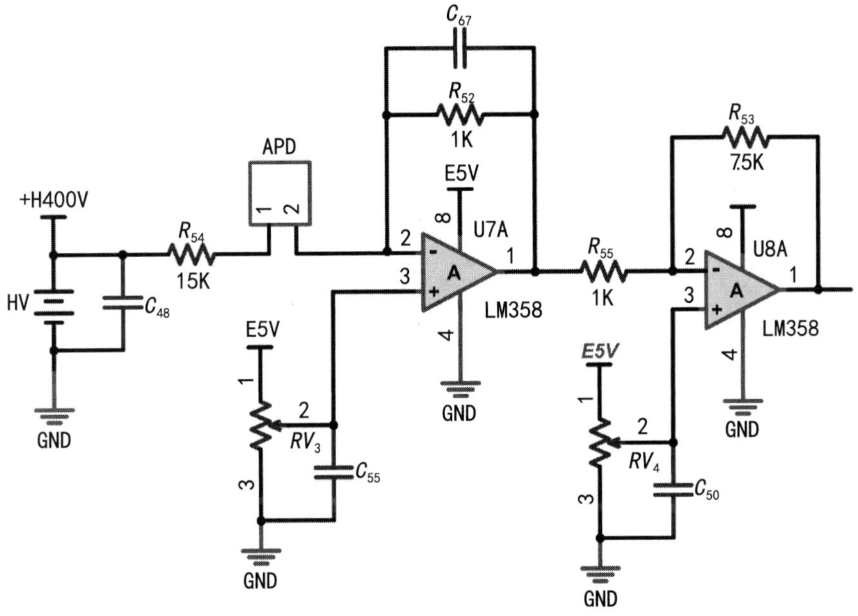

图 3.9　信号放大电路原理图

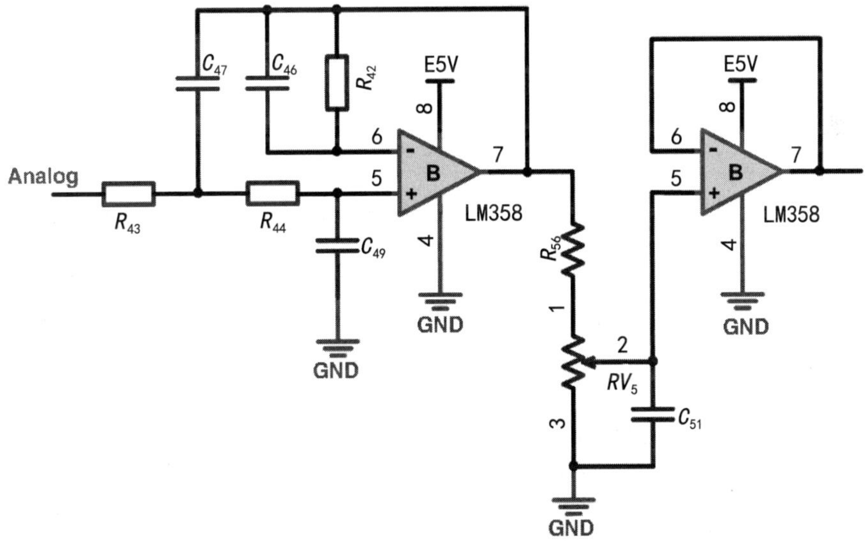

图 3.10　二阶压控电压源有源低通滤波电路原理图

4. 通道识别电路

通道识别单元是扫描式激光诱导荧光检测系统中的一个重要组成部分，其工作原理如图 3.11 所示，主要由通道计数器复位电路和识别脉冲产生电路组成。图中的运算放大器

LM358 和电位器 RV_4 构成电压比较器电路，对光电转换单元输出的信号进行整形。在系统扫描检测的过程中，当光调制板的白色透光区域与发光二极管、光敏三极管在垂直方向上重叠时，二极管发出的光被光敏三极管接收，光电转换后的脉冲信号作为主处理器的外部中断信号，主处理器中的计数器对通道识别脉冲进行计数，最后根据计数值并结合其他因素实现通道识别。

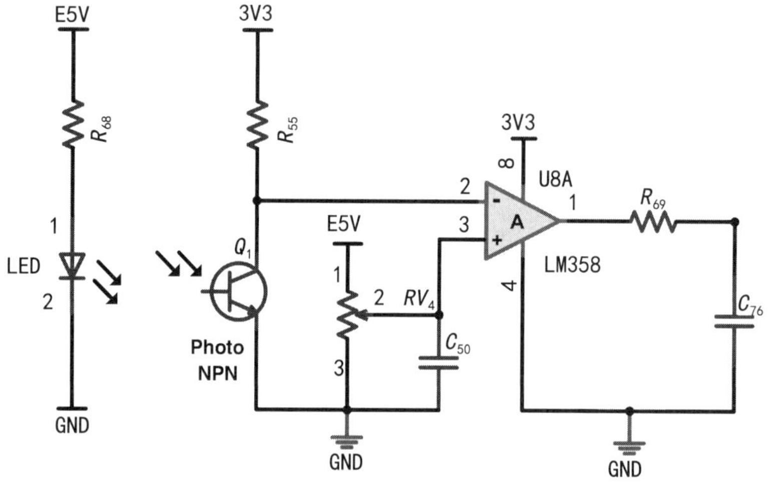

图 3.11　通道识别电路原理图

3.3.3　控制及数据采集系统

系统的控制及数据采集单元主要完成数据采集、通道识别及与上位机通信等功能。为实现上述功能，系统采用基于 ARM CortexTM-M3 内核的 STM32F103xE 芯片作为核心控制单元。该芯片是 32 位的闪存微控制器，含有 3 个 12 位的 ADC、4 个 16 位定时器和 2 个 PWM 定时器，还包含 I2C、SPI、I2S、USB 和 CAN 等标准和通信接口。芯片供电的电压范围为 2.0 ~ 3.6 V，工作温度范围为 -40 ~ 105 ℃ 。

STM32F103xE 芯片内部集成的 ADC 是一种逐次逼近型模数转换器，它有 18 个通道，可以测量 16 个外部和 2 个内部信号源，各通道的模数转换可以单次、连续、扫描或间断模式执行。系统选用 ADC 的连续转换模式，当本次 ADC 转换一结束，马上就启动另一次转换。此外，为减小因内部电容器组变化而造成的准确度误差，系统使用 ADC 内置的自校准模式，系统复位后首先对 ADC 进行自动校准。

直接存储器访问（Direct Memory Access，DMA）为外设和存储器之间或存储器和存储器之间的数据传输提供高速传输通道，传输由 DMA 控制器完成。在包含多个 ADC 的

STM32 芯片中，只有 ADC1 能产生 DMA 请求，因此系统采用 ADC1 对荧光信号进行采集。

3.3.4 控制系统的软件设计与实现

在基于光纤的扫描式激光诱导荧光检测系统中，系统控制、数据采集及传输、波形绘制、检测结果的显示等功能都是通过软件实现的。实时操作系统不仅能提供灵活的编程接口和丰富的任务管理及任务间通信机制，而且也能简化嵌入式软件的开发过程及缩短调试周期。此外，实时操作系统本身所占内存资源较少，CPU 占用率低，便于以后对功能进行扩展，因此本文采用嵌入式操作系统 μ COS–II 作为软件开发的支持平台，结合 STM32 Firmware 函数库及 μ COS 内核实现设备控制及数据采集功能。在上位机端采用 Visual C++ 6.0 开发环境，使用 Win32 API 操纵上位机的串口，实现数据的采集，借助微软基础类库（Microsoft Foundation Class，MFC）的强大图形绘制及显示功能，实现数据波形的绘制及检测结果的显示。

STM32 Firmware 函数库是意法半导体公司面向 STM32 ARM CortexTM–M3 处理器的 C 语言函数库，包括 STM32 片上系统所有标准外围设备的驱动程序，每个驱动程序提供全部外围设备功能的函数集，并且具有完备的文档描述。此外，函数库还包含所有 ARM 开发环境兼容的完整 C 语言源代码，源代码具有一致的命名规则和变量访问接口，可以缩短新代码的开发和维护时间。库函数下的系统编程包括异常向量的初始化、芯片 GPIO 口的初始化及芯片时钟设置等。

μ COS–II 是一种可抢占式的实时操作系统，其内核采用了基于优先级的可抢占调度算法，这意味着系统中优先级别高的任务总是被优先执行，从而可以保证实时任务的响应时间。μ COS–II 下的控制系统软件由 3 个任务实现：控制任务 ControlTask、数据采集、传输任务 SendTask 和通道号获取任务 SendSync。控制任务 ControlTask 的功能包括监听串口、从串口获取上位机发送的控制命令（目前实现的控制命令有开始采集和停止采集命令）并做出相应的控制操作；数据采集及通道脉冲的识别由 SendTask 及 SendSync 任务实现。数据传输过程中为了提高系统的传输效率，采用乒乓操作方式对数据进行缓冲。通道识别单元输出的脉冲序列作为终端信号送给 ARM 处理器，而通道计数器的复位信号作为外部输入信号送给处理器的普通 I/O 引脚。

上位机软件主要由 ComAccess、View 和 Buffer 组件组成。其中，ComAccess 组件主要实现串口通信功能；View 组件通过创建一个子线程 RS232Read 实现数据采集功能，其主线程实现波形绘制功能；Buffer 组件则完成 RS232Read 和 View 主线程之间通信的数据同步。

RS232Read 线程通过 ComAccess 组件从 UART 中读取数据存入 Buffer 组件，存满后发送信息给 View 主线程，通知主线程绘制所采数据对应的波形。在使用 Visual C++ 对上位机串口编程时，考虑到程序运行效率的问题，采用 Win32 API 对串口进行操作，其优点是编译生成的二进制程序文件较小，运行效率也较高。Win32 API 是 Windows 操作系统内核与应用程序之间的界面，它将内核提供的功能以函数形式提供给用户，应用程序通过调用相关函数获得相应的系统功能。Win32 API 函数库中提供了操作多线程的函数,包括创建线程、终止线程和建立互斥区等。

3.4 检测结果及分析

3.4.1 系统的组建及运行

本章设计的基于光纤扫描式多通道毛细管电泳芯片激光诱导荧光检测系统主要由机械扫描平台、硬件控制电路和上位机组成。其中，控制电路和上位机之间通过串口进行通信。为方便日后进行功能升级，控制电路中预留了 USB2 接口电路。

检测系统的运行过程为：固定测试芯片，加入缓冲溶液；运行上位机数据处理程序；启动嵌入式控制电路；储液池中加入样品，施加高压；起动扫描电机，对光路信号进行数据采集；对检测数据进行保存及检测结果显示。检测系统的数据处理显示界面分为上下两部分：上部分显示各通道随时间变化所获取的数据采集结果，横坐标为连续采样点数，纵坐标为荧光信号的相对强度；下部分的每一组数据分别对应每次扫描时各通道的荧光信号相对强度，其横坐标为时间，纵坐标为相对荧光强度，与横轴垂直的直线对应于通道识别脉冲，两条直线之间的信号强度对应于毛细管电泳芯片某一通道的荧光信号强度。

3.4.2 实验操作

毛细管电泳芯片微通道中样品分离实验的步骤如下。

1. 清洗芯片微通道，然后置于恒温箱中烘干，配置缓冲溶液和罗丹明 B 样品溶液。

2. 将缓冲溶液注入电泳通道，用光学显微镜观察通道中有无气泡和微小颗粒。

3. 根据芯片结构尺寸设置电压。进样电压：样品池 600 V，样品废液池 0 V，缓冲液池 400 V，缓冲废液池 600 V；分离电压：缓冲液池 800 V，样品池、样品废液池均为 600 V，缓冲废液池 0 V。

4. 将芯片置于检测平台，调整扫描探头与芯片间的垂直及水平方向上的距离，以达到最佳检测位置。

5. 将样品溶液注入样品池，插入电极。

6. 起动高压电源和系统的扫描检测，绘制检测结果。

7. 待检测曲线绘制完毕后，如果需要二次进样则重复上述过程，否则关闭系统；取出芯片后用无水乙醇进行清洗；待实验结束后检查系统。

3.4.3 多通道毛细管电泳芯片检测

为考察基于光纤扫描的四通道毛细管电泳芯片激光诱导荧光检测系统的性能，分别对不同浓度的罗丹明 B 样品溶液进行了荧光检测及电泳分离实验，其结果分别论述如下。

1. 样品的通道识别及其荧光检测

（1）通道识别

将四通道毛细管电泳芯片中的第①和第②通道注入纯净水，第③和第④通道分别注入 1.0×10^{-5} M 和 1.0×10^{-4} M 的罗丹明B样品溶液，检测系统对四通道扫描得到的结果如图3.12所示。由于第①、②通道中注入的为纯净水，没有荧光信号产生，它们的检测信号幅值与基底的背景信号相同，因此这两个通道没有获得与其对应的检测峰值。由于另外两个通道分别注入不同浓度的检测样品，因而得到两条反映不同浓度样品的检测曲线，通道④中样品溶液的浓度较大，其对应的曲线峰值也较大。图 3.12 给出了检测探头在芯片上往返一次所捕捉到的荧光信号强度，可以看出正反向扫描所得到的检测信号完全相同，检测结果没有失真。上述检测结果表明，本文设计的检测系统可以实现不同样品通道信号的检测及其识别。

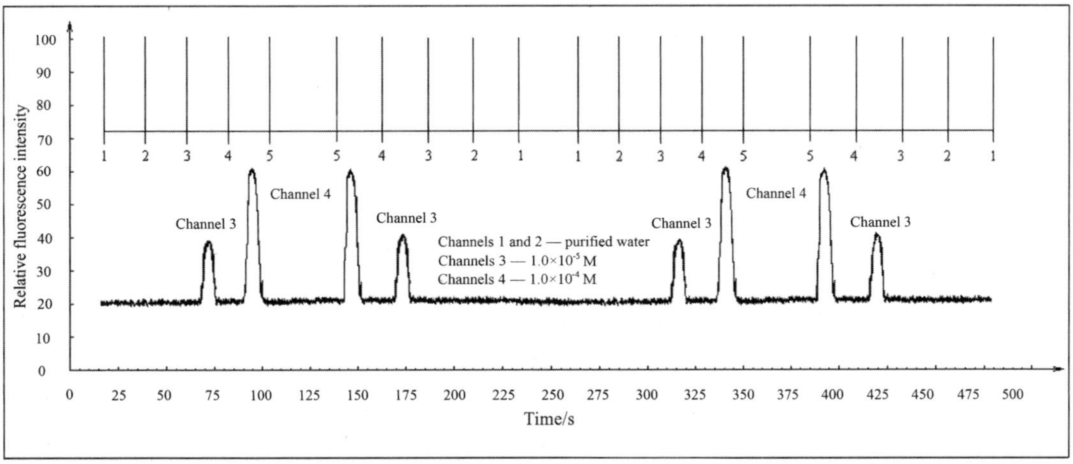

Time—时间；Relative fluorescence intensity—相对荧光强度；Channel—通道；purified water—纯净水

图 3.12 不同浓度罗丹明 B 样品溶液的通道识别检测结果

（2）荧光信号检测

分别向四通道毛细管电泳芯片的第① ~ ④分离通道（从左至右）中依次注满纯净水、1.0×10^{-6} M、1.0×10^{-5} M 及 1.0×10^{-4} M 的罗丹明 B 样品溶液，然后利用检测系统对分离通道进行扫描检测，其结果如图 3.13 所示。图中可以明显看到 4 条检测曲线，其中，最下面几乎与横轴重合的曲线对应第①通道纯净水的检测结果，其他 3 条曲线从下至上分别对应浓度从小到大样品的检测结果，样品溶液的浓度越高，检测到的荧光信号相对强度也越大。此外，由于样品溶液的浓度依次降低一个数量级，其对应的检测曲线也依次降低几乎同样的幅度（当浓度为 1.0×10^{-6} M 时，信号比较微弱，所以在后续的分离实验中，只选用 1.0×10^{-5} M 和 1.0×10^{-4} M 的样品溶液进行分离）。由于样品被分别静置于 4 个通道内，所以随着检测过程中样品溶液的不断挥发，检测到的荧光信号强度逐渐降低，直至最后完全消失。图 3.13 的检测结果表明，该检测系统能够实现对不同强度荧光信号的检测。

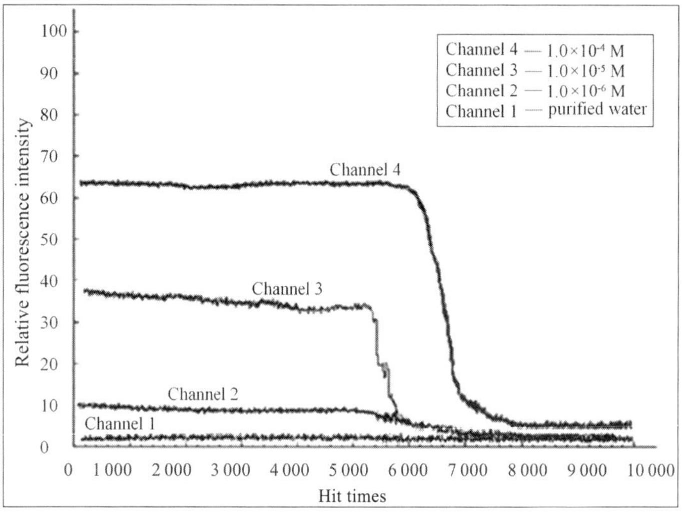

Channel—通道；Relative fluorescence intensity—相对荧光强度；Hit times—碰撞次数

图 3.13　不同浓度罗丹明 B 样品溶液的荧光检测结果

2. 扫描频率对检测结果的影响

为了分析检测系统的扫描频率对检测结果的影响，在四通道毛细管电泳芯片的第④通道中注入浓度 1.0×10^{-4} M 的罗丹明 B 样品溶液，得到光纤探头在不同扫描频率下获取的电泳分离检测结果，如图 3.14 所示。其中 (a) 和 (b) 对应的扫描频率分别为 3 Hz 和 5 Hz。通过对比可以发现，当机械扫描频率较低时，背景噪声相对较小，检测到的荧光信号对应的采样点数较少，曲线不十分完整，但峰值对应的时间点相对扫描频率高时较容易确定。因此扫描系统的频率选为 3 Hz。

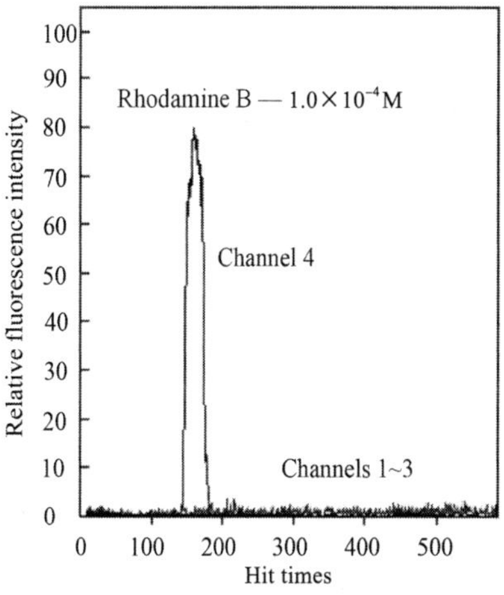

(a) 3 Hz

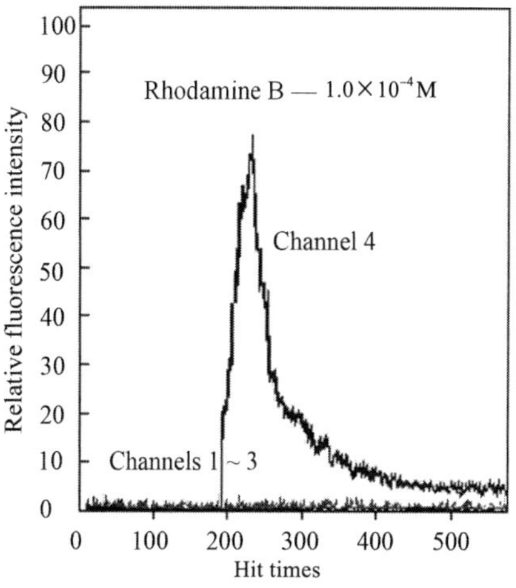

(b) 5 Hz

Channel—通道；Relative fluorescence intensity—相对荧光强度；Hit times—碰撞次数

图 3.14 检测系统不同扫描频率、同一通道注入样品溶液时的检测结果

3. 不同浓度罗丹明 B 样品溶液的电泳分离检测

将纯净水和 3 种不同浓度（1.0×10^{-5} M、1.0×10^{-4} M、1.0×10^{-3} M）的罗丹明 B 样品溶液，依次注入毛细管电泳芯片的通道① ~ ④（定义图 3.6(a) 所示的芯片结构从左至右分离通道依次为②，①，③，④），施加进样和分离电压，得到的电泳分离结果如图 3.15 所示。开始进样时，样品还没有进入分离通道，雪崩光电二极管检测不到激光激发出的荧光信号，故曲线前一部分值为零；当样品被切换到分离通道，并在分离电压的作用下移动到检测点时，激光激发出的荧光信号立即被雪崩光电二极管接收，对应的检测曲线出现峰值；当样品全部通过检测点后，没有荧光信号，检测曲线值重新降为零。

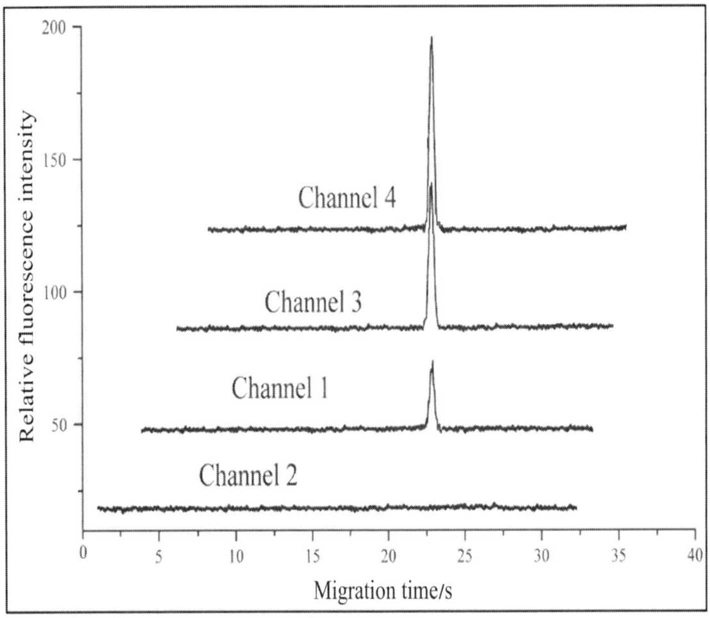

Migration time—迁移时间；Relative fluorescence intensity—相对荧光强度；Channel—通道

图 3.15　四通道毛细管电泳芯片注入不同浓度样品溶液时的电泳分离结果

上述检测结果表明：本文设计的基于光纤扫描的多通道毛细管电泳芯片激光诱导荧光检测系统，可以实现对不同浓度的罗丹明 B 样品的荧光检测，且系统能够实现同时对 4 个不同通道荧光信号的区分检测。与图 1.10 所示的旋转扫描式共聚焦毛细管电泳芯片激光诱导荧光四色检测器相比，光学结构更为简单、机械扫描部分体积更小、成本更低。

由结果可知：3 种标准样品溶液的浓度与相应的荧光信号值为（1.0×10^{-5}, 72）、（1.0×10^{-4}, 148）、（1.0×10^{-3}, 200），通过 Excel 处理数据，得到信号和浓度间的线性关系，其 k 值为 100 300.300；取 10 次测定空白样品时的信号值（12, 13, 13, 13, 13, 12, 13, 12, 13, 13），计算出其标准偏差 $s_b = 0.483\ 046$，带入公式（2.30），求得系统的检测限

$$c_{DL} = 3\times0.483\ 046 \div 100\ 300.300 = 1.4\times10^{-5}\ \text{mol/L}$$

3.5　本章小结

本章利用激光诱导荧光检测原理设计出基于光纤的激光激发及检测光路，构建了扫描式多通道毛细管电泳芯片激光诱导荧光检测系统。系统利用曲柄完成了匀速圆周运动到往复式扫描运动的转换，实现了对多通道毛细管电泳芯片荧光信号的提取；采用通道识别单

元对多通道电泳芯片进行通道识别，使芯片通道与有效的荧光信号一一对应。

此外，利用嵌入式软件和个人计算机端基于 Visual C++ 6.0 的编程软件，采用多线程的方式对数据进行采集和处理，有效降低了数据处理对 CPU 的占有率，实现了系统控制、数据采集、传输和通道数据波形的绘制等功能。

最后，采用组建的检测系统分别对不同浓度的罗丹明 B 样品溶液进行了不施加分离电压时的荧光检测，以及施加分离电压时的电泳分离检测。检测结果表明：搭建的基于光纤扫描式激光诱导荧光检测系统可以实现对多通道毛细电泳芯片的实时并行检测，为以后的深入研究奠定了一定的基础。

以上研究结果发表在 Elsevier 旗下的 *International Journal of Light and Electron Optics*（*OPTIK*）期刊上。

4 基于 LED 光源的层叠式集成电泳芯片检测系统

4.1 研究背景

对于毛细管电泳芯片系统来说，为了实现便携化目的，检测系统的进一步微型化和集成化势在必行。目前，多通道毛细管电泳芯片的检测方法主要有 3 种：① 以一定频率移动单点检测器通过芯片，如激光诱导荧光检测法；② 用一个检测器同时检测多个通道，如荧光取象法；③ 每个通道都设置检测器，如电化学检测法。其中，激光诱导荧光检测法具有较高的灵敏度，是最早应用于毛细管电泳芯片系统的一种检测方法，被广泛应用于生物化学、细胞生物学等领域。

前面一章在激光诱导荧光检测原理的基础上，提出了基于光纤的扫描式多通道毛细管电泳芯片检测系统，分别使用两根光纤传输激发光和收集荧光，通过曲柄带动扫描轴在电泳芯片的上方以一定的频率做往复扫描运动，从而实现四通道毛细管电泳芯片的同时检测。但实验中采用的光学结构及扫描机械系统相对复杂，与微型化和集成化的芯片系统相比，体积仍然庞大，远远没有达到集成化和微型化的要求。因此，为了整个毛细管电泳芯片系统的便携化，必须解决检测系统微型化的问题，而实现检测系统的微型化可以从光源和光学系统两方面入手。

近年来，LED 作为一种微型化光源逐渐引起了人们的关注。作为激发光源，其性能与普通非相干光源接近，同时还具有能耗低、体积小、使用寿命长、输出功率稳定、波长范围宽等优点。尽管其在发光强度、光谱纯度、聚光性等方面不及半导体二极管激光器，这有可能导致荧光检测的灵敏度下降，但可以简化检测系统的结构并降低成本。2006 年，赵书林等报道了一种自组装、光纤式毛细管电泳 LED 诱导荧光检测装置[122]，他们使用一根光导纤维将 LED 激发光直接引入毛细管内激发待测样品，避免了由于毛细管壁造成的光反射和光散射，该装置对 FITC 标记的氨基酸检测限达到了 12 nM。除了越来越多的检测系统采用 LED 作为荧光的激发光源外，微型化的 LED 诱导荧光检测器应用领域也多种多样，日本的日立公司还推出了 LED 作为激发光源的商品化检测器，这些都充分显示了 LED 在荧光检测系统中作为微型激发光源的应用潜力 [123]。

除了光源微型化外，光学系统的微型化也是实现整个毛细管电泳芯片检测系统微型化的重要途径之一。如何滤除掉激发光的干扰，使到达检测器的信号只包含有用的荧光信号，同时避免使用传统共聚焦型激光诱导荧光检测系统中体积较大的光学组件，已成为制约整个检测系统实现微型化的瓶颈。这一问题吸引了不少科研工作者投入其中，诸如彩色滤波片 [124–125]、干涉滤波片 [126–127]、基于染色剂的特殊材质滤波片 [128] 等，在毛细管电泳芯片检测系统中相继被提出，但是它们都是针对某一特定激发波长的染色剂使用的，通用性较差。此外，激发光源与被激发荧光正交的检测系统也曾被提出 [129]，但系统中元件的光学级别要求较高，制作比较困难、价格昂贵。

综合以上诸多问题，本文提出了一种成本相对较低、通用性较强的多通道毛细管电泳芯片检测系统。系统以贴片式 LED 代替传统的激光器作为光源，采用两片偏振方向互相垂直的线性偏振片滤除掉激发光对检测器件的干扰，以线阵 CCD 为光电检测器件，大大减小了检测系统的体积，以罗丹明 B 溶液为样品在最优化条件下进行电泳分离，得到了较高的检测灵敏度。

4.2 检测系统设计及实现

4.2.1 检测系统结构

基于 CCD 及偏振片的 LED 诱导荧光检测系统结构如图 4.1 所示。系统主要包括绿色 LED 激发光源，玻璃材质的多通道毛细管电泳芯片，两片偏振方向互相垂直的线性偏振片，线阵 CCD 器件，数据采集卡及计算机，等。其中，两偏振片与毛细管电泳芯片成三明治结构，偏振片 1 位于激发光源与毛细管电泳芯片之间，与偏振片 1 偏振方向垂直的偏振片 2 位于电泳芯片的上方，用于滤除激发光的干扰，只允许荧光信号通过。为限制检测区域并提高检测信号的信噪比，将不同尺寸的针孔置于偏振片 2 和 CCD 之间。CCD 检测到的荧光信号（峰值波长为 580 nm）通过数据采集卡转换为数字信号，利用 USB 总线与计算机连接，通过基于 Visual C++ 6.0 的编程软件在计算机上实现数据的采集和显示。

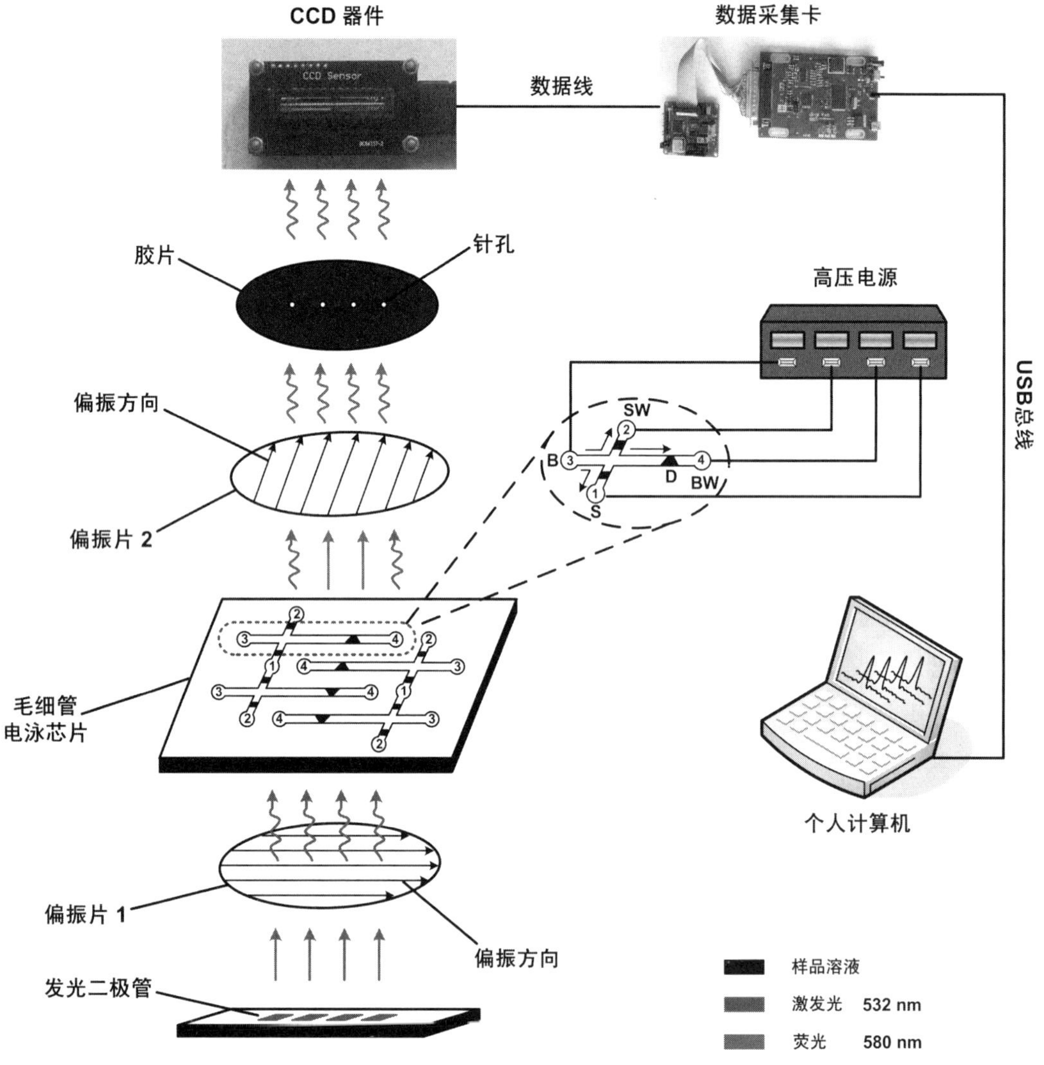

图 4.1 多通道毛细管电泳芯片 LED 诱导荧光检测系统结构示意图

4.2.2 实验试剂及仪器

1. 实验试剂及元器件

实验过程中使用的化学试剂均为分析纯级别。

样品：不同浓度的罗丹明 B 荧光染色剂样品，由 10 mM 的固体样品溶于无水乙醇中配制而成；

缓冲液：89 mM 的三羟甲基氨基甲烷（Tris(hydroxymethyl)aminomethane）、89 mM 的硼酸（Boric Acid）和 2 mM 的 EDTA（Ethylenediaminetetraacetic），用去离子水配制成混合溶液（pH 值为 8.3）；

光源：贴片式 LED（激发波长峰值为 532 nm）；

偏振片：Edmund Optics NT–66182 型，购于 Edmund Optics (Shenzhen) Co., Ltd.；

光电检测器件：TCD1304AP 型线阵 CCD；

数据采集卡：12 位，采样频率为 20 MHz，购于天津琦瑶科技有限公司。

2. TCD1304AP 器件结构

系统中使用的 CCD 为 TOSHIBA 公司生产的 TCD1304AP 型器件，它的内部结构如图 4.2 所示。该器件主要包括：光敏单元、两个位移寄存器、两个转移栅、内部驱动信号逻辑电路和输出信号缓冲电路。其中，光敏单元包括光敏阵列和电荷转移电极，光敏阵列由光电二极管组成，感光区位于中央位置；感光单元中的前面 32 个及后面 14 个单元称为哑元，没有信号输出，用 D_n 表示；中间的 3 648 个像素单元是有效的感光单元，用 S_n 表示。3 648 个有效像元加上 46 个哑元，实际的像元数为 3 694，每个光敏单元的尺寸为 8 μm × 200 μm。

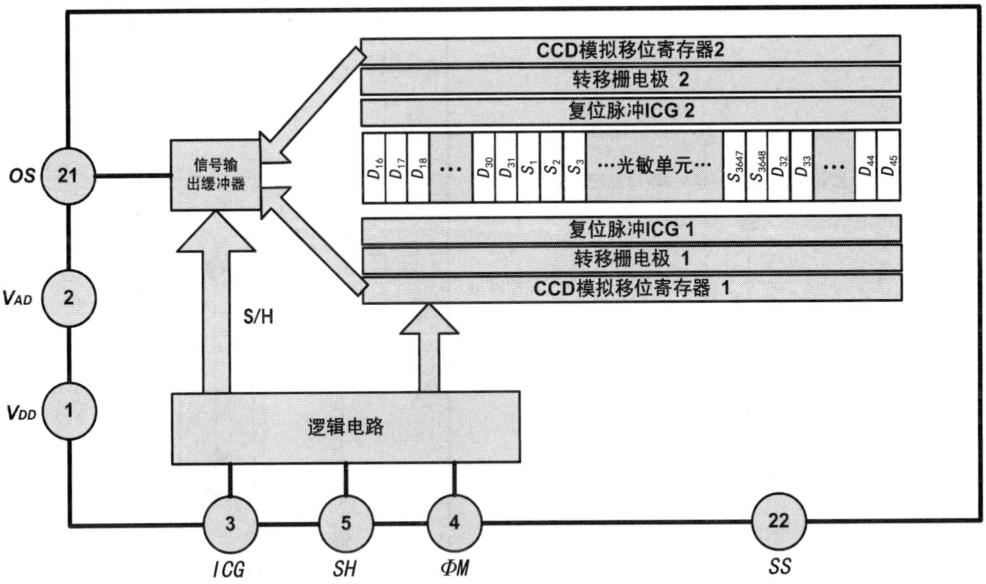

图 4.2　TCD1304AP 型 CCD 器件的内部结构

CCD 器件感光区的两侧分别是两个复位脉冲电极和转移栅电极，最外层是由一系列 MOS 电容器组成的模拟移位寄存器。模拟移位寄存器负责接收、存储和转移光电二极管所产生的电荷包，而电荷包的转移则受控于转移栅电极的作用，电荷包经 CCD 内部的信号处理电路生产输出信号 *OS*。内部驱动电路包括脉冲产生电路和驱动器，其中，驱动时钟频率的范围为 0.8 ~ 4 MHz，时序驱动要求开启电子快门功能的最短光积分时间为 10 μs。

外围驱动电路对 CCD 器件进行驱动的原理为：光敏单元在光照作用下获得光生载流

子形成电荷包，电荷包在转移脉冲信号 *SH* 的作用下，按奇偶序号分开并被转移至两侧的移位寄存器中，奇偶分离的方式会提高电荷包的转移速度。当外部驱动电路对 *ΦM*、*ICG*、*SH* 信号提供合适的脉冲信号时，模拟移位寄存器中的电荷包将由右向左顺次进行转移。

4.2.3 芯片设计与加工

实验中所用芯片为玻璃材质，由于线阵 CCD 光电检测器件检测区域的限制，电泳芯片的结构设计如图 4.3 所示，加工过程参照本章的 2.2.2 节。芯片通道单元结构为基本的十字构型，尺寸为 40 mm × 80 mm，其中，微通道深 60 μm，宽约 100 μm（深 40 μm 处），样品进样通道长 10 mm，分离通道长 40 mm，相邻两分离通道间的距离为 6 mm，十字交叉点处离检测点的距离为 30 mm，储液池直径为 2 mm，容积约为 5 μL。此外，设计的支撑网格起到更有效封接基片和盖片的作用。

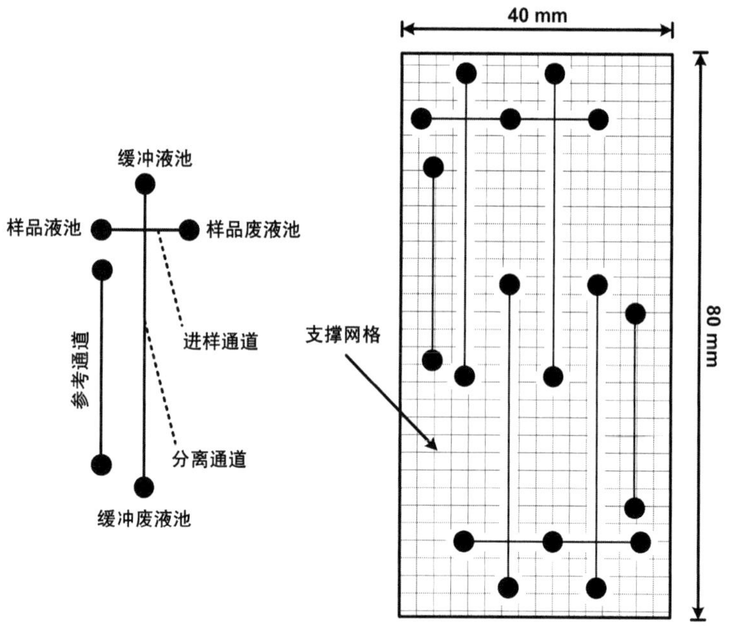

图 4.3　四通道毛细管电泳芯片结构示意图

4.2.4 CCD 驱动电路设计

电荷耦合器件（CCD）在光电检测领域内的应用非常广泛，为保证其在检测过程中的测量精度、速度及抗干扰能力，有两个主要问题需要解决：提供正常工作所需的时序驱动信号及对输出信号进行处理。因此，CCD 驱动电路设计包括电源电路、时序驱动电路及输出信号调整电路的设计。此外，为了对 CCD 芯片的光积分时间进行控制，还设计了 4 个光积分时间控制输入端口。下面分别对上述电路进行简单介绍。

1. **电源电路**

电源电路以 MICREL 公司生产的 MIC2193 芯片为核心，它是一款基于 PWM 同步压降控制的高效 IC 芯片，输入电压范围为 2.9 ~ 14 V，输出范围可调且稳定。为提高电源的负载能力，设计采用 MIC2193 芯片驱动 N 型和 P 型 MOS 场效应管，使控制器可以 100% 占空比高效运行。

5 V 电源电路原理如图 4.4 所示，它的工作原理为：一个周期开始时，芯片 OUTP 引脚被置低，与其相连的 *P* 沟道场效应管 Q_2 被打开，电流从输入端流经检测电阻、MOS 场效应管及电感线圈至输出端，电流幅度将增大并且受控于电感线圈；落在检测电阻 R_1 上的电压在芯片内部被放大，经过内部补偿后稳定在一个区间内；补偿后的信号将与误差放大器的输出进行比较，当此信号与误差电压相等时，*P* 沟道场效应管被截止，电感中的电流将通过二极管 *D* 在 LC 回路中震荡；与此同时，*N* 沟道场效应管被打开，MOS 场效应管的电压降小于二极管上的正向电压降，这使得转换器的效率得以提高；在一个周期的最后，*N* 沟道场效应管在控制器的控制下关闭，新的周期循环开始，如此往复，使得电源电路输出持续稳定的电压。

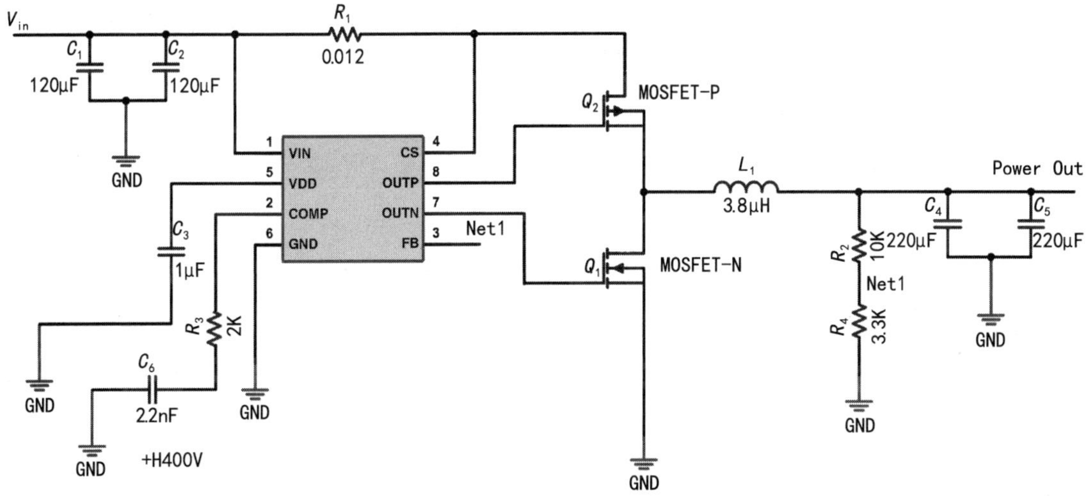

图 4.4　输出可调式同步降压转换器电路原理图

2. **时序驱动电路**

为更清晰地描述电泳分离的过程，系统在检测过程需要缩短 CCD 的光积分时间以提高检测速率。当光积分时间非常短时，所需要的时钟脉冲频率会很高，通常会达到百兆赫兹，这样产生的高频干扰将会非常严重，因此应尽量避免高频干扰的发生。若要提高 CCD 检测速率的同时避免高频干扰，需要选择具有电子快门功能的 CCD 并为其配置相应的驱动电路，因为电子快门特性可以使其在不需要提高驱动时序脉冲频率的情况下更加精确地进行高速测量，进而有效地解决高频干扰问题。

基于上述考虑，系统采用 ALTERA 公司生产的 Cyclone 系列 FPGA 芯片为 CCD 提供时钟驱动信号，该芯片可以提供 16 个全局时钟网络和 4 个锁相环用以实现时钟管理，其内部还包含有逻辑阵列模块、输入输出单元、嵌入式乘法器及嵌入式存储模块，各模块间可以实现不同速度的信号连接。

CCD 驱动模块的逻辑连接如图 4.5 所示。其中，驱动模块的输入端有系统时钟输入 clk、复位信号 reset、光积分时间调整输入端 $M_1 \sim M_4$，输出信号端有帧转移信号 SH、复位脉冲 ICG、驱动时钟 Mclk、行同步信号 FC 及像元同步信号 SP。此外，FPGA 芯片的所有输入和输出端口均通过 TOSHIBA 公司的 TC74HC04 芯片与外界相连。该芯片是一种高速的 CMOS 反相器，具有高噪声限和输出稳定的特性，其转换速度可以与 LSTTL 电路相媲美，所有的输入端都有电流保护装置。

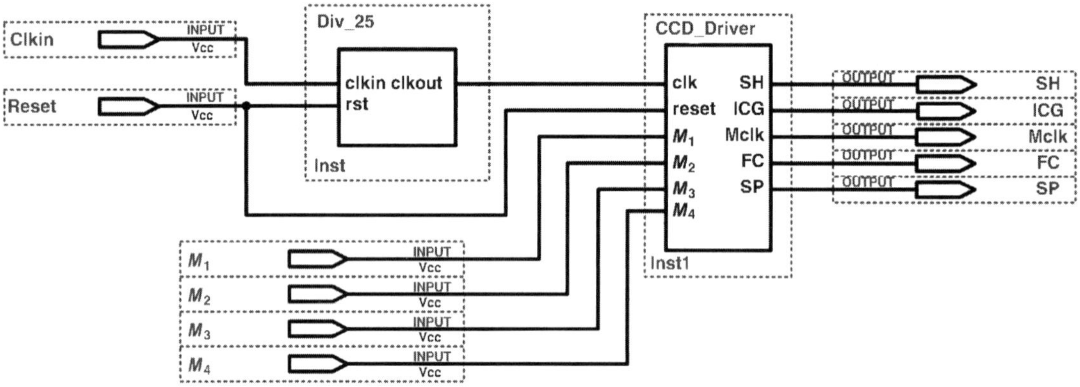

图 4.5　CCD 驱动模块逻辑连接示意图

3. 电压调整电路

电压调整电路原理如图 4.6 所示。其中，放大器采用 Analog Device 公司的 AD8031 电压反馈式轨对轨放大器，其正向输入端为电压补偿电路（Vcc 经 R_9 和 R_{10} 分压后的电压 V_+ 补偿到放大器的正向输入端以提高输出端的电压）；反向输入端为电压负反馈电路，起到放大 CCD 的 OS 端输出电压 VOS 的作用。在电路工作过程中，通过调整可变电阻器 R_5 和 R_{10} 的值，可使输出电压 V_O 的值满足后续模数转换芯片的满量程要求，提高 CCD 采集数据的精度和测量范围。此外，$C_7 \sim C_9$ 为滤波电容，用以滤除电源或输出端的高频干扰信号。

根据同相和反相比例放大电路理论可以得出，电路输出电压 V_O 与 V_+、V_{OS} 的关系为：

$$V_O = \left(1 + \frac{R_5}{R_7}\right) V_+ - \frac{R_5}{R_7} V_{OS} \tag{4.1}$$

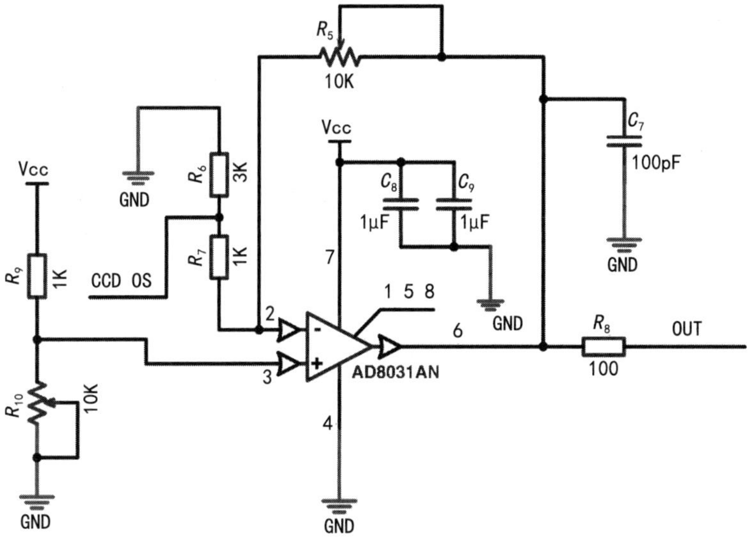

图 4.6　CCD 输出电压调整电路原理图

4. CCD 积分时间控制电路

CCD 的积分时间由其驱动模块的 4 个输入端 $M_1 \sim M_4$ 来控制，控制信号来自 USB 控制器 CY7C68013 芯片的 $PC_0 \sim PC_3$ 端口。当微控制器接收到上位机发出的设置积分时间指令后，先读出配置参数，然后对芯片 PC 端口的低四位进行配置，经过如图 4.7 所示的积分时间控制电路后到达 CCD 驱动器的 $M_1 \sim M_4$ 端口。若要使积分时间最长，则需将 $PC_0 \sim PC_3$ 口全部置零，此时 $\{M_1, M_2, M_3, M_4\} = \{1, 1, 1, 1\}$。

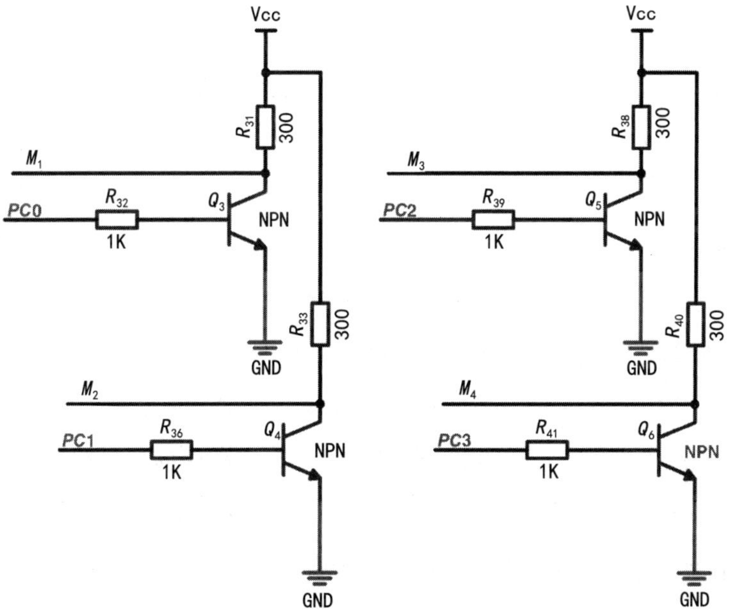

图 4.7　CCD 积分时间控制电路原理图

4.2.5 系统软件设计

系统硬件环境的搭建是功能实现的基础，而软件的设计则是系统功能的具体实现过程。根据系统功能的具体实现，软件的设计主要包括上位机程序（PC 机端 USB 设备的驱动及相应的检测控制程序）和下位机程序（8051 增强型单片机固件程序，以及保证芯片 FX2 模块工作在 Slave FIFO 模式下的 FPGA 实现）。

1. 嵌入式程序设计

要实现上位机控制 CCD 芯片对荧光信号进行采集，检测系统必须通过下位机进行中转，即下位机接收、解析上位机发出的命令并予以执行。软件设计使用 FPGA 芯片将 FX2 模块配置为 Slave FIFO 模式进行数据采集，并通过 USB 接口传输至上位机。要使下位机理解并执行上位机的命令，必须对 USB 芯片内嵌的增强型 8051 单片机进行固件编程。

FPGA 程序设计使用 Verilog HDL 语言实现，在 ALTERA 公司提供的 QUARTUS II 9.0 平台上完成程序的综合、实现及下载，使用 ModelSim 软件进行仿真。VHDL 语言是一种以文本形式描述数字系统硬件结构和行为的语言，可以用来表示逻辑电路图和表达式，还可以表示数字系统所完成的逻辑功能。通过对 CCD 驱动输入信号时序要求的分析可知：CCD 的像元同步信号和行同步信号需作为输出信号，以便于对后续模数转换进行同步。由数据手册查得采样率为系统时钟的 1/4，因此 CCD 在 4 个主时钟信号作用下输出一个像元同步信号，而行同步信号为 ICG 信号。此外，CCD 驱动主时钟频率典型值为 2 MHz，而硬件电路中使用的晶振频率为 50 MHz，所以必须对晶振频率进行 25 分频使用。分频电路的基本算法为：晶振频率作为分频模块输入端 clkin，将其上升沿和下降沿均作为敏感信号；对上升沿和下降沿进行计数，计满 24 则将计数器清零，同时输出 clkout 翻转；如此往复循环将 50 MHz 晶振分频为 2 MHz 作为 CCD 驱动的主时钟，进而使数据采样频率为 0.5 MHz。

2. 8051 固件编程

固件编程即为 USB 外设所编写的单片机程序，主要实现以下功能：USB 芯片内嵌增强型 8051 单片机接收并识别出上位机发送的命令（开启 CCD、设置 CCD 参数、数据采集等），然后执行相应的操作。程序采用 C 语言开发，使用 Keil C 进行编译和调试。下位机软件的流程图如图 4.8 所示。Cypress 公司提供了很好的程序框架，用户只需要在框架的基础上，在 DSCR. A51 文件中更改部分描述符，在框架函数 fw.c 文件中添加端点接收和发送数据的代码及附加功能的代码，即可实现正常工作。

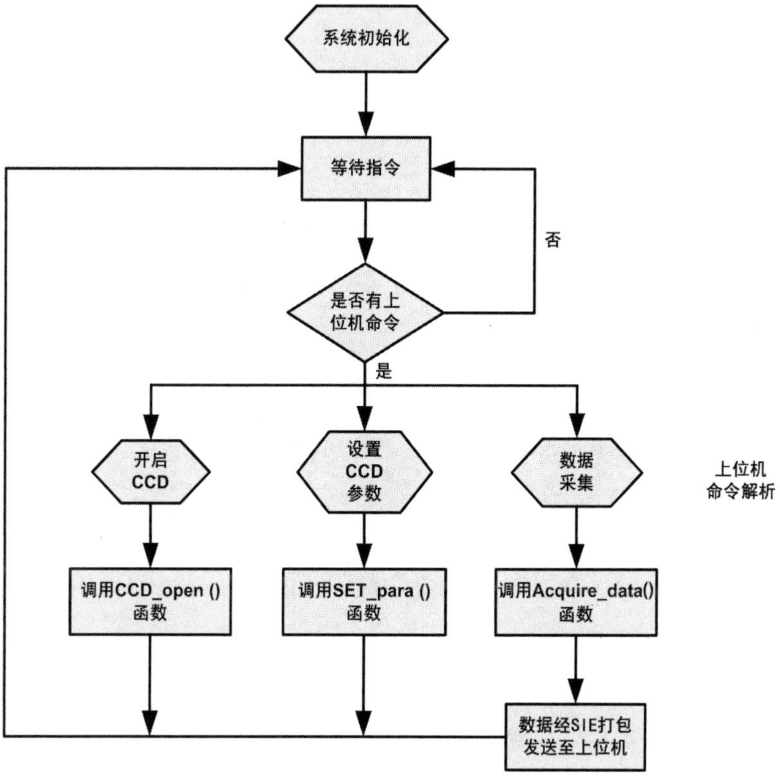

图 4.8　下位机软件设计流程图

3. USB 驱动程序设计

USB 驱动程序开发采用 Windows Driver Module 模式，即 Windows 驱动程序模式。它的实现过程是在 Visual C++ 6.0 的编程环境下，利用 Driver Studio 自带的 Driver Wizard 产生设备驱动程序框架，进而完成系统所需的 USB 驱动程序。

Windows 驱动程序主要由入口程序、即插即用程序、分发程序、电源管理程序和卸载程序等组成。其中，驱动程序入口函数为 DriverEntry，所有驱动程序的调用都要通过此函数进行；即插即用程序函数为 AddDevice，当设备连接上计算机时负责自动选择并加载合适的驱动；卸载程序主要用来保存设备状态、删除设备对象和释放驱动程序所占用的内存空间等，只在需要卸载驱动程序的时候调用。

4. 数据采集程序

数据采集程序在 Visual C++ 6.0 编程环境下进行开发，开发过程中使用微软公司提供的 Microsoft Function Class 集成开发库，主要实现向下位机发送命令（数据采集开始、设置 CCD 参数和开启 CCD 设备等），并负责接收下位机发送的数据，处理后实时绘制出检测结果。

4.2.6 芯片电泳条件

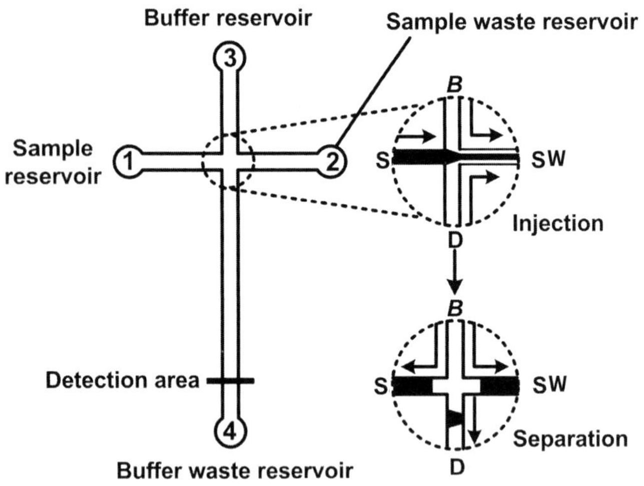

S、SW、B、D 分别代表样品池、样品废液池、缓冲液池和检测区域

Sample reservoir—样品池；Sample waste reservoir—样品废液池；Buffer reservoir—缓冲液池；Buffer waste reservoir—缓冲废液池；Detection area—检测区域；Injection—进样；Separation—分离

图 4.9 毛细管电泳芯片电动进样和分离过程示意图

每次电泳实验前，分别使用 1 M 的 NaOH 溶液、去离子水（18 MΩ）和 Tris-Borate-EDTA（2 × TBE, pH 8.3）缓冲溶液清洗毛细管电泳芯片微通道。实验过程中采用如图 4.9 所示的电动进样模式进行荧光染色剂罗丹明 B 样品的进样。进行电泳操作前，首先取适量罗丹明 B 储备液稀释在无水乙醇中，配制成一定浓度的样品溶液，然后将缓冲液和样品加入各自的储液池中。进样阶段，样品从样品池（600 V）迁移至样品废液池，缓冲液池和缓冲废液池的电压分别为 400 V 和 600 V，样品废液池电极接地。进样 30 s 后，高压电源切换，十字交叉口处的样品从进样通道进入分离通道进行分离及检测，此时缓冲液池施加 800 V 电压，样品池和样品废液池电压均为 600 V，缓冲废液池电极接地。每次电泳操作结束后，立即用去离子水清洗芯片微通道，以免缓冲溶液水分蒸发堵塞通道。

4.3 结果与讨论

4.3.1 LED 光源的稳定性

为了检测 LED 光源的特性，在测试过程中使 LED 的驱动电压每 3 min 变化一次，变化范围从 3.0 V 到 4.2 V，步长为 0.2 V，用以考察 LED 的驱动电压对其发光强度及稳定性的影响。LED 驱动电压与其发光强度之间的关系如图 4.10 所示，可以看出发光强度与驱动电压具有良好的线性关系，当驱动电压恒定时光强稳定。当驱动电压达到 4.2 V 时，LED 的发光强度在 3 min 内急速下降，这很大程度上是由于 LED 器件内部阴极与阳极间的工作电流已经超过它的上限，多余的焦耳热导致了不可避免的器件损坏。因此，在后续的实验中，LED 的驱动电压恒定设置为 4.0 V。

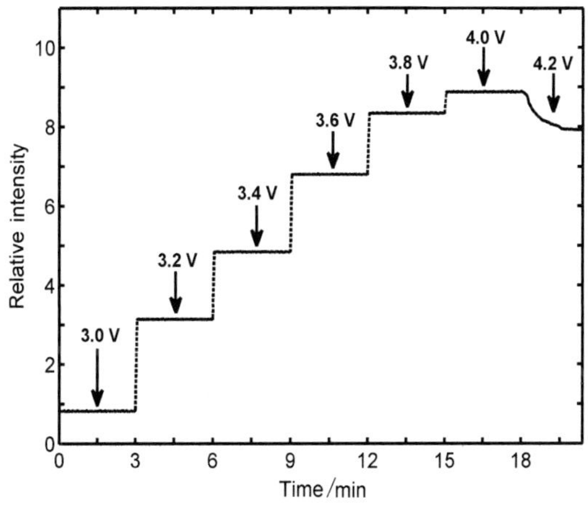

Time—时间；Relative intensity— 相对强度

图 4.10　LED 驱动电压与其发光强度之间的关系

4.3.2　偏振隔离

1. 偏振隔离原理

偏振片（Polarizer）是一种将非偏振光变成偏振光的光学器件，可使纵向光或横向光透过或被遮蔽，它的工作原理如图 4.11 所示。偏振片通常由偏振膜、内保护膜、压敏胶层及外保护膜组成，基片一般使用高分子化合物聚乙烯醇薄膜，再浸染具有强烈二向色性的碘，经硼酸水溶液还原稳定后，再将其单向拉伸 4 ~ 5 倍制成。拉伸后，碘分子整齐地被吸附并排列在基片薄膜上，具有起偏或检偏性能。

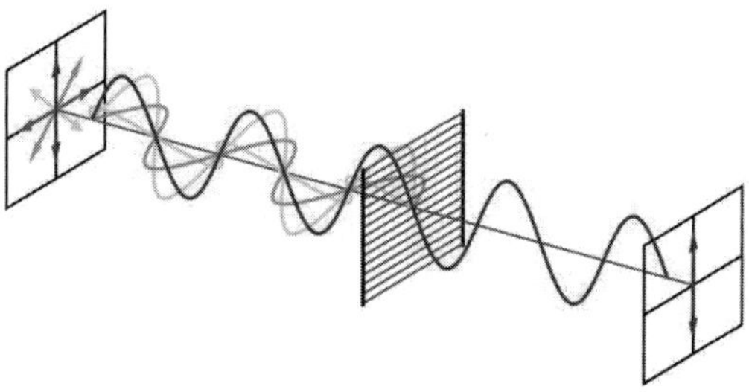

图 4.11　偏振片的工作原理

偏振片的光学特性包括二向色性比 R、有序度 S、透过率 T_{SP} 和偏振度 P 等，偏振性能用偏振度和二向色性比来表示，偏振度称为偏振膜的偏振效率。其定义为：

$$P = \frac{I_{//} - I_{\perp}}{I_{//} + I_{\perp}} \tag{4.2}$$

或

$$P = \sqrt{\frac{T_{//} - T_{\perp}}{T_{//} + T_{\perp}}} \tag{4.3}$$

式中，$T_{//}$、$T_{\perp}$ 分别表示两偏振片光轴平行和垂直时的透过率。当 $T_{\perp} = 0$ 时，$P = 1$，偏振度最好。

二向色性比为：

$$R = \frac{\lg(1/T_{//})}{\lg(1/T_{\perp})} \tag{4.4}$$

有序度：

$$S = \frac{R-1}{R+2} \tag{4.5}$$

透过率：

$$T_{SP} = \frac{1}{2}(T_{//} + T_{\perp}) \tag{4.6}$$

消光比：两片平行放置的偏振片相互转动时，最小透过光强 I_{min} 和最大透过光强 I_{max} 之比，即 $\eta = I_{min}/I_{max}$。

偏振片的透过率和透过光强可用紫外－可见光分光光度计来测量，消光比越小，偏振片的质量越好。其他的性能指标有色度、有效厚度等，其中，有效厚度为整个偏振片的厚度，包括基片、黏胶和保护膜的厚度；色相为偏振膜颜色所对应的色度指标[130]。

2. 偏振隔离程度对检测结果的影响

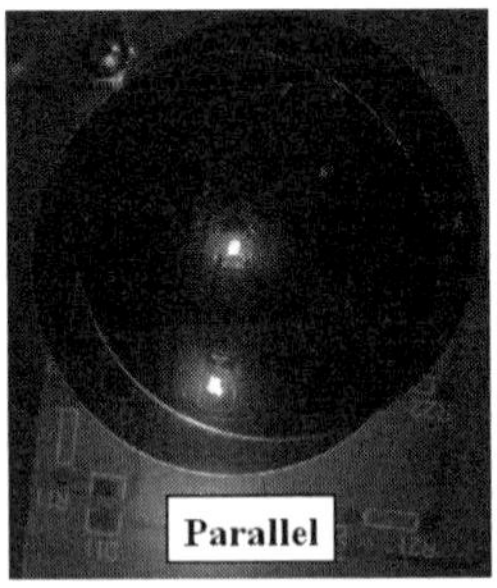

(a) 两偏振片偏振方向平行效果图

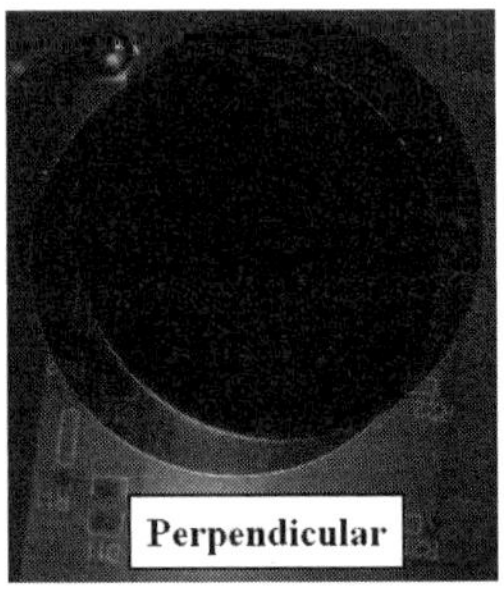

(b) 两偏振片偏振方向垂直效果图

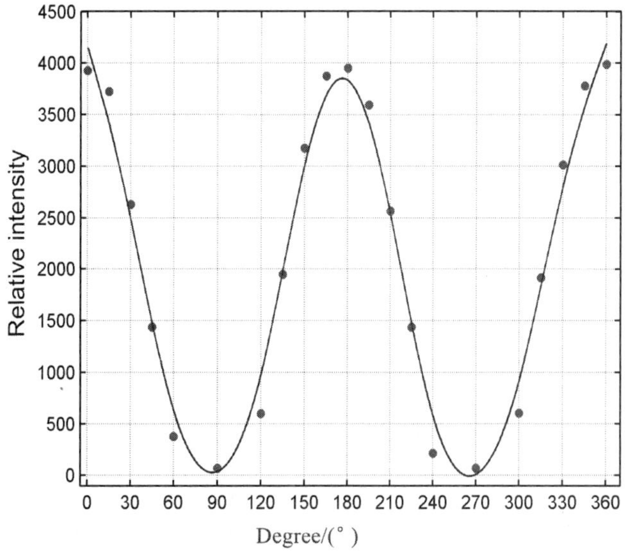

(c) 检测到的激发光相对强度与两偏振片之间相对偏振角度的关系

Parallel—平行；Perpendicular—垂直；Degree—相对偏振角度；Relative intensity—相对强度

图 4.12　偏振隔离程度对检测结果的影响

本文利用购置的 Edmund Optics NT66-182 型线性玻璃偏振片进行了偏振隔离程度的检测，其在波长 400 ~ 700 nm 时的消光系数为 10 000 ∶ 1，两偏振片平行放置时透光率为 11%，垂直放置时为 0.000 22%。实验过程中，保持 LED 驱动电压为 4.0 V 不变，偏振片 1 固定，使偏振片 2 的偏振角度从 0° 依次旋转至 360°，检测结果如图 4.12 所示。其中，图 (a) 和 (b) 分别为两偏振片之间偏振方向平行和垂直时的激发光信号效果图，当两偏振片偏振方向互相垂直时，可以很好地滤除掉激发光的干扰。图 (c) 的横轴为两偏振片之间的相对偏振角度，纵轴为透射的荧光信号相对强度，两者呈余弦函数关系。由测试结果可以看出，采用偏振方向相互垂直的两线性玻璃偏振片，可以将入射光完全滤除掉，使通过针孔到达光电转换器件的信号只包含有用的荧光信号，提高了检测系统的信噪比。

4.3.3 针孔的滤波效果

为了进一步提高系统的信噪比，降低噪声信号对有用荧光信号的干扰，考虑在光电转换器件前端放置针孔。本书首先采用 Zemax 软件对针孔的滤波作用进行仿真。仿真过程中主要使用 Zemax 软件中的 Physical Optics 模块，该模块中的光束用分立的采样点阵来表示，可以模拟 Gaussian 或任何形式的高阶多模激光束，能够计算系统中任何面上的振幅、相位和光强，并且可以模拟有限大小孔径的衍射等过程。模拟过程大体上可分为三步。

1. 光源引入及设置。Zemax 中初始光束 Beam Profile 可由以下几种类型定义。Gaussian Beam、Gaussian Angle、Gaussian Size + Angle、Top Hat、User defined table in a file 等，光束可以定义在任何视场内，方向沿主观线从 Starting Surface 传播到 Ending Surface。在模拟过程中，光源类型定义为 Gaussian Beam，其束腰为 1.15 mm，中间的焦平面在近轴焦点上。具体实现过程：从“Lens Catalog”中选择“Lions Photonics”镜头，点击“Load”将镜头数据调入 Zemax，它表示峰值波长为 543 nm 的 He–Ne 激光，属性设为 Surface 1，到像面的距离设定为 5 mm。

2. 针孔放入及设置。通过“Lens Data Editor”对话框，在整个光学系统的焦平面上放置一个针孔。具体方法：在焦平面上放置一个 dummy 面，属性设为 Surface 2，类型定义为针孔，直径设为 1 mm，以便在 2D 或 3D Layout 中能看到它。

3. 设定接收面。定义输出光束属性为 Surface 3，接收面设定之后，通过“Beam File Viewer”可以比较输出光束与输入光束的关系。分别设定针孔的“Aperture Type”为 None 和 1 mm，输出光束的形状对比结果如图 4.13 所示，可以看出针孔对输出的光束有明显的滤波作用。

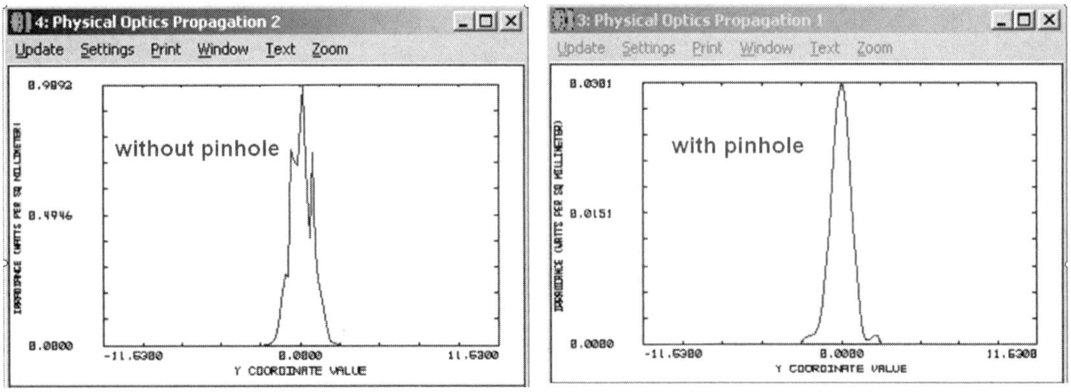

(a) 无针孔　　(b) 有针孔

图 4.13　有无针孔情况下 Zemax 软件模拟输出波形对比

为了对比不同直径针孔的滤波效果，本文选择 3 种不同直径的针孔进行了仿真，分别设定针孔的“Aperture Type”为 2 mm、1 mm 和 0.5 mm，重复上述步骤，得到的输出光束对比结果如图 4.14 所示。由图中可以看出：针孔直径直接影响输出波形的半峰宽和输出光强，随着针孔直径的减小，输出波形的半峰宽变窄，输出光强逐渐降低。

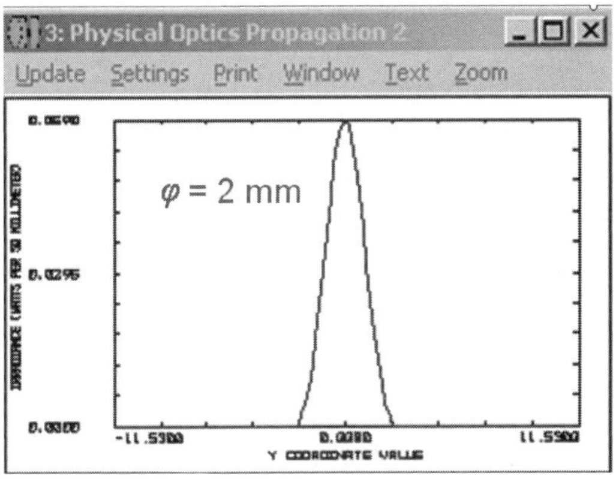

(a) $\varphi = 2$ mm

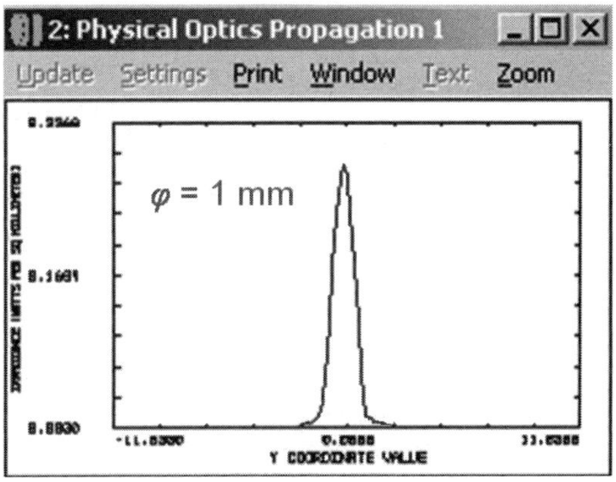

(b) $\varphi = 1$ mm

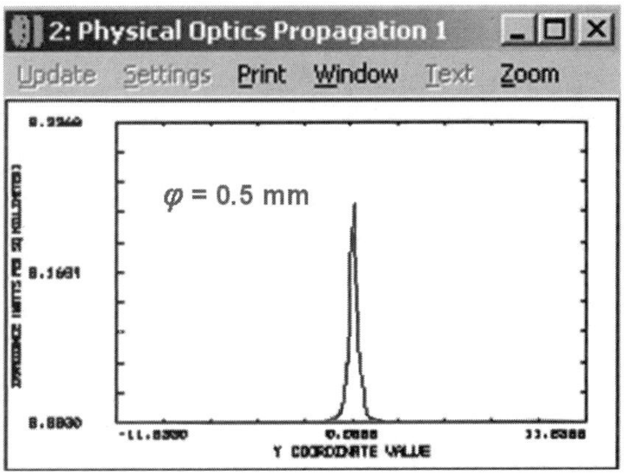

(c) $\varphi = 0.5$ mm

图 4.14　针孔直径不同时 Zemax 软件模拟输出波形对比

为了验证针孔直径对检测结果的影响，3 种不同尺寸的针孔被置于 CCD 检测器和偏振片 2 之间，LED 的驱动电压为 4.0 V，两偏振片间的偏振角度为 90°。图 4.15 给出了 1 mM 的罗丹明 B 样品溶液注入毛细管电泳芯片同一通道时，在 3 种不同尺寸针孔下的检测结果。从图中可以看出，检测到的荧光信号强度随着针孔尺寸的增大而增强。但是，当针孔的尺寸较大时，其检测到的荧光信号的谱峰宽度也较大，若此时被分离的样品溶液含有多种组分，则不同组分的检测峰有可能相互交叠，其中半峰宽较窄的波峰会被半峰宽较宽的波峰覆盖，进而导致无法准确判断样品的组成。由图 4.15 还可以看出，如果针孔直径较小（500 μm），样品浓度较低（1 μM）时荧光信号会很弱，甚至有可能检测不到波峰。因此，根据理论分析和实验测试结果，检测系统中针孔的直径选定为 1 mm。

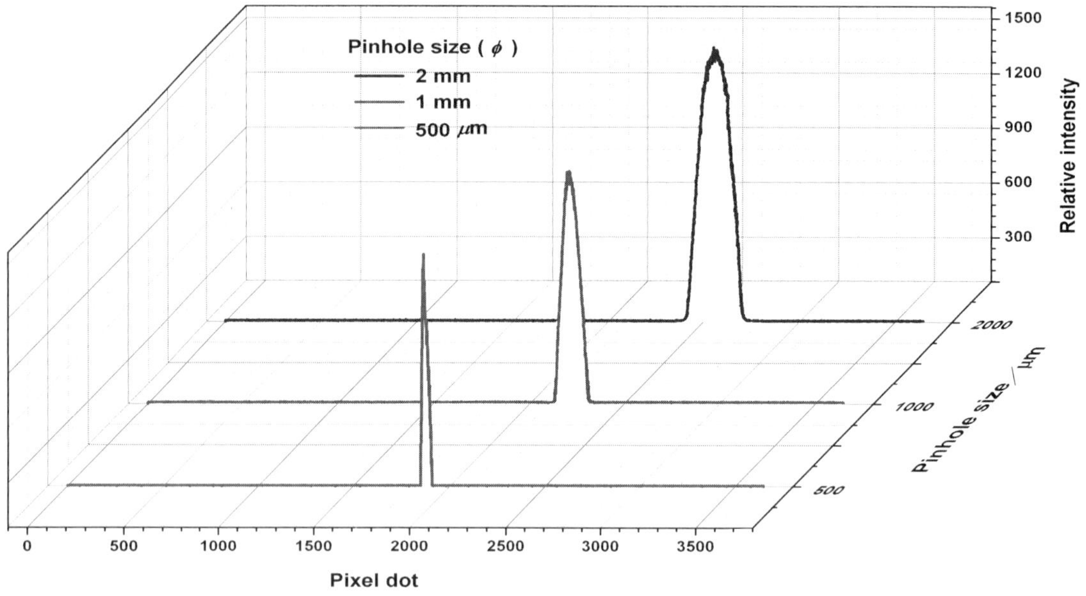

Pinhole size—针孔尺寸；Pixel dot—像素点；；Relative intensity—相对强度

图 4.15　不同针孔直径对系统检测结果的影响

4.3.4 检测系统的性能

将 4 种不同浓度的罗丹明 B 样品溶液（从 1 mM 到 1 μM）分别注入毛细管电泳芯片的 4 条微通道，利用组建好的检测系统（见图 4.16）进行电泳分离实验。其中，进样电压和分离电压分别为 600 V 和 800 V。实验条件为：LED 驱动电压为 4.0 V，两偏振片间的偏振角度为 90°，针孔直径为 1 mm。得到的检测结果如图 4.17 所示，图中的 4 条曲线从左至右分别代表 4 种浓度由小到大的样品溶液电泳分离时检测到的荧光信号强度，浓度越大，荧光信号越强。

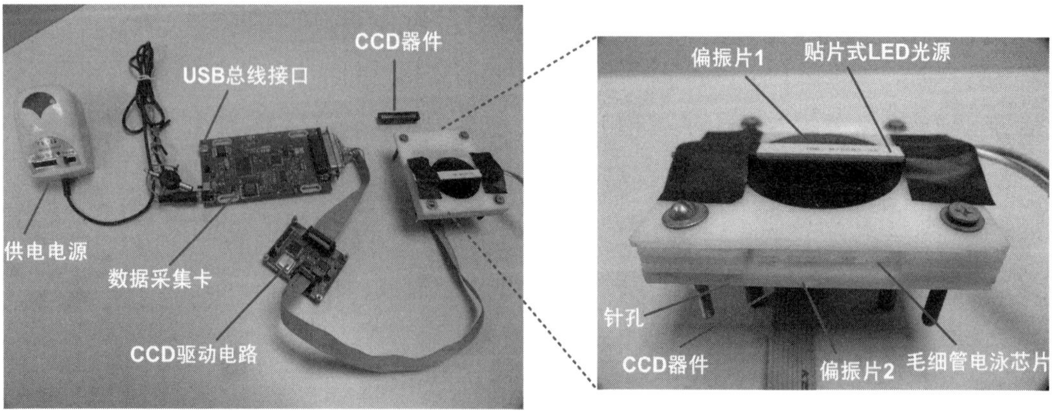

图 4.16　组合偏振片、CCD 器件的垂直层叠结构 LED 诱导荧光检测系统

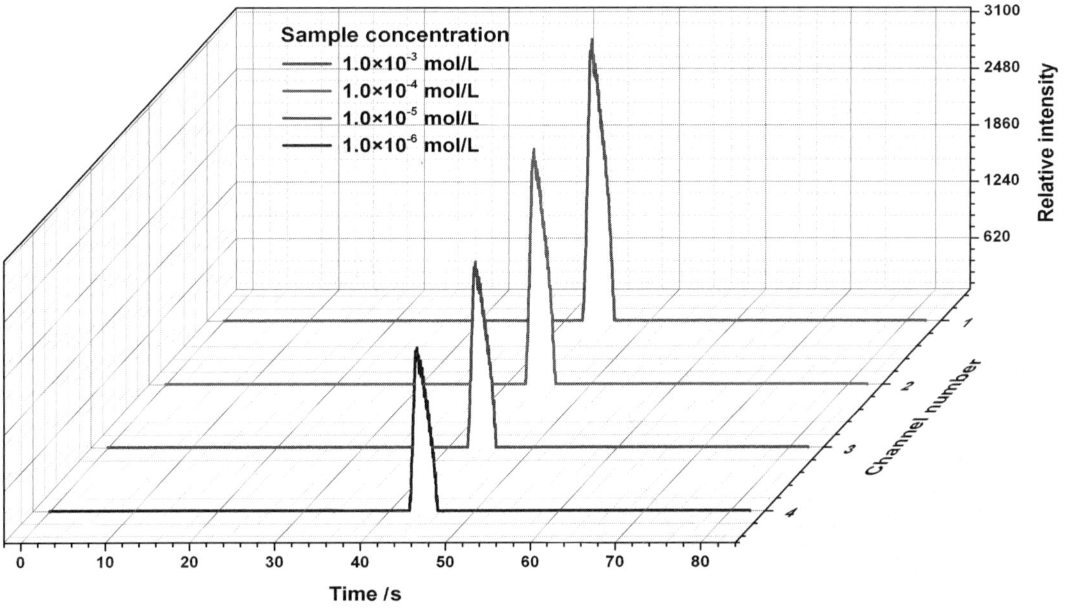

Channel number—通道数；Time—时间；Relative intensity—相对强度；Sample concentration—样品浓度

图 4.17　4 种不同浓度罗丹明 B 样品溶液在优化条件下的电泳分离检测结果

由结果可知四种标准样品溶液的浓度与相应的荧光信号值，通过 Excel 处理数据，得到信号和浓度间的线性关系，求出 k 值；取 10 次测定空白样品时的信号值，计算出其标准偏差，代入公式（2.30），求得系统的检测限为 1.4×10^{-6} mol/L。

本书设计的基于 LED 激发光源的诱导荧光检测系统，根据光学偏振原理，使用两片偏振方向互相垂直的偏振片滤除掉背景信号的干扰；充分利用 LED 光源、偏振片、针孔、CCD 等器件的有效组合，大大简化了传统毛细管电泳芯片受激荧光信号检测的复杂光路结构，与本课题组前期研制的共聚焦型激光诱导荧光检测装置（见图 4.18）[120] 相比，体积更小，结构更加紧凑，信噪比更高，且能实现多通道的同时检测。

(a) 装置外观

(b) 装置内部结构

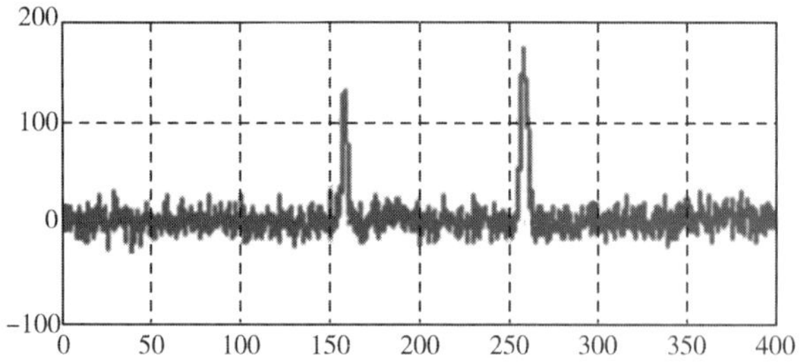

(c) 装置采集到的荧光信号

图 4.18　课题组早期研制的共聚焦型激光诱导荧光检测装置及其检测结果

4.4 本章小结

针对传统激光诱导荧光检测系统中光路复杂、体积庞大的弱点，本章以绿光 LED 为激发光源，建立了一套多通道毛细管电泳芯片诱导荧光检测系统。该系统采用体积小的贴片式 LED 光源，利用两片偏振方向互相垂直的线性玻璃偏振片与毛细管电泳芯片成三明治结构，有效地消除了噪声信号对检测结果的影响；利用灵敏度较高的线阵 CCD 器件检测荧光信号，提高了检测系统的信噪比，降低了检测限。

分别考察了 LED 驱动电压、两偏振片间的偏振角度及针孔尺寸对检测结果的影响，在最优化条件下对罗丹明 B 样品溶液进行了电泳分离及系统重复性实验，得到 LED 诱导荧光检测系统的检测限为 1.4×10^{-6} mol/L。

以上研究工作发表在美国光学协会（Optical Society of America, OSA）主办的期刊 *Applied Optics* 上。

5 基于OLED光源的集成电泳芯片检测系统

对于毛细管电泳芯片系统来说，微型化和集成化是该技术相对于传统毛细管电泳和色谱技术具有的突出特色和优势，也是其进一步发展的主要方向。如果能够将激发光源集成在电泳芯片上，不仅会进一步减小系统的体积，并有可能利用偏振隔离手段实现多波长激发光对不同荧光试剂的同时检测。本书在这一思想的指导下，开展了基于有机发光二极管（Organic Light Emitting Diode, OLED）激发光源的集成毛细管电泳芯片检测系统研究。

OLED器件应用于毛细管电泳芯片检测系统的研究工作在国内外还处于起步阶段。2002年，在美国加利福尼亚州举办的第七届微型化学与生物化学分析系统国际会议上，Camou等报道了一套集成光纤的PDMS芯片检测系统[131]，系统以峰值发射波长为510 nm的OLED器件为激发光源对罗丹明B样品进行了分离检测。2004年，Kim等提出了一种以绿光OLED为激发光源，PIN型光电二极管为检测器件的毛细管电泳芯片检测系统[132]。Edel等报道了一种以蓝光pLED为激发光源，采用电泳分离方法检测荧光素和5-羟基荧光素的微型化检测系统[133]。虽然这方面的研究才刚刚开始，但OLED器件体积小、成本低、加工容易、便于集成的特点，预示其在毛细管电泳芯片分析系统中必将有广阔的发展前景[134]。

本章以OLED代替半导体激光器为激发光源，建立一套用于毛细管电泳芯片的荧光检测系统。该系统光源体积小、无透镜，不仅在很大程度上降低了整个系统的体积，而且将对各类生物芯片检测系统的微型化和集成化应用具有一定的促进作用。由于是初次开展OLED的研制，并主要考察基于OLED的荧光检测系统性能，所以本章仅从光源和光学系统两方面入手开展研究，而没有考虑OLED与芯片的集成化问题，荧光检测依然采用前一章介绍的CCD器件进行检测。

5.1 绿光 OLED 器件的制作与性能测试

5.1.1 OLED 器件的设计原理

1. OLED 器件电致发光原理

有机电致发光的原理如图 5.1 所示。它由 3 个过程组成：① 当施加一外加正向偏压，空穴和电子克服界面能垒后，分别经由阳极和阴极进入空穴传输层（Hole Transporting Layer, HTL）的 HOMO 能级和电子传输层（Electron Transporting Layer, ETL）的 LUMO 能级；② 电荷在外部电场的驱动下，传输至空穴传输层和电子传输层的界面，由于界面存在能级差，会有电荷的积累；③ 当电子、空穴在有发光特性的有机物质内复合时，形成处于激发态的激子，此激发态在一般的环境中是不稳定的，将以光或热的形式释放能量而回到稳定的基态[135]。

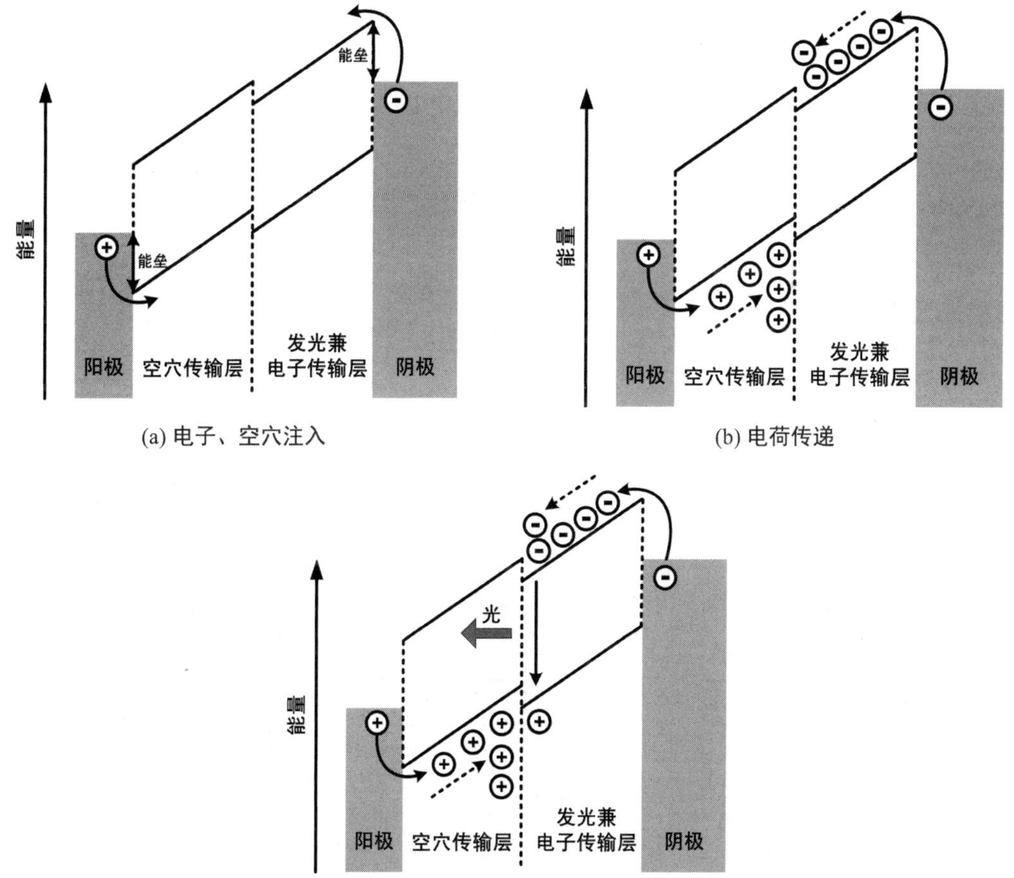

(a) 电子、空穴注入　(b) 电荷传递　(c) 电子、空穴复合

图 5.1　有机电致发光的原理

2. OLED 器件的结构

为了实现电致发光，OLED 器件大致可分为单层和双层两种结构。早期的器件结构很简单，如图 5.2(a) 所示，就是在阴极和阳极之间夹一层有机层，最早的高分子发光二极管也是如此，但单层器件效率往往较低。

双层 OLED 器件结构如图 5.2(b) 所示，它的不同之处在于：由基板向上依次为阳极、空穴传输层、发光兼电子传输层和阴极。此方法是利用多层膜结构去修正有机薄膜层，使其具有二极性的输导性。

柯达的专利发表后不久，日本 Kyushu 大学的 Saito 等发现这种器件也可由结构如图 5.2(c) 所示的传输空穴的发光层发光[136]。后来他们又报道了一种如图 5.2(d) 所示的三层式器件结构，发光层（Emitting Layer, EML）只需要两层有机色素分子的重叠厚度就可以将产生的激子限制在发光体内而使之产生强烈的光[137]。Kido 进一步完善了这种结构，提出了如图 5.2(e) 所示的幽禁式结构[138]。该结构可以根据中间激子幽禁层（Exciton Confinement Layer, ECL）的厚度，控制来自 HTL 或 ETL 发出的电致光。如果 ECL 的厚度设计得恰到好处，可使电致光从 HTL 和 ETL 两层中同时发出混合后得到白光[139]。

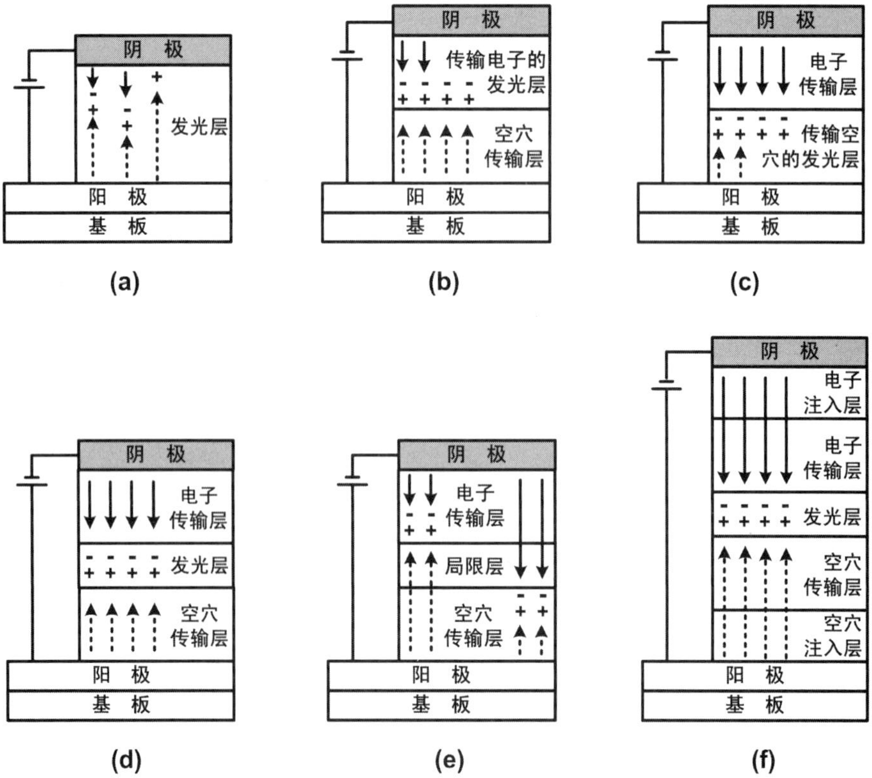

图 5.2　OLED 器件的各种结构

为了帮助电子和空穴更有效地从电极注入有机发光层，人们又加入了空穴注入层（Hole Injection Layer, HIL）和电子注入层（Electron Injection Layer, EIL），形成了如图 5.2(f) 所示的多层结构。现今许多高效率的器件都是属于此种结构，但多层器件在批量生产时工艺比较烦琐。

一般的 OLED 器件发出的光是经由基板射出，即图 5.3(a) 所示的下发光型（Bottom Emission）。图 5.3(b) 所示为上发光型（Top Emission），是指基板之上为高反射的阳极，且阴极也是透光材料，则光可经由基板反方向的阴极射出。如果阳极材料使用传统的透明 ITO 电极，再搭配透明阴极，则器件的两面都会发光，成为图 5.3(c) 所示的穿透式器件（Transparent Devices）。

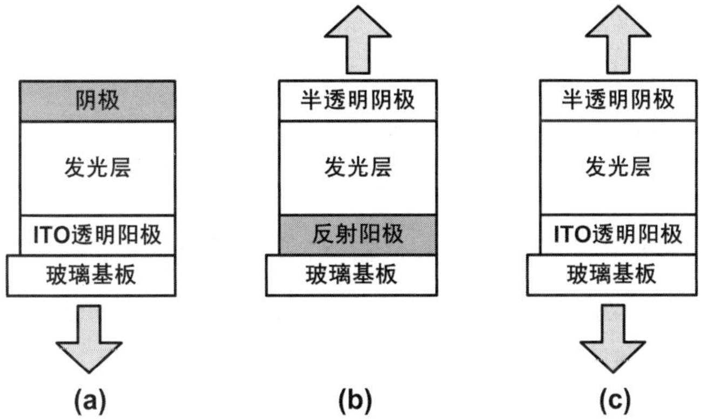

图 5.3　OLED 器件的发光类型

3. OLED 器件的制作材料

① 阴极材料。为了克服低功函数金属的较高化学活性问题，人们利用低功函数金属与抗腐蚀金属的合金（如 Mg/Ag 及 Li/Al）来作为阴极材料，此类合金一般具有较好的成膜性与稳定性。在早期的器件中，体积比为 10 ∶ 1 的 Mg/Ag 合金是最为常见的阴极材料，银的添加除了改善阴极的稳定性外，在蒸镀过程中也提升了阴极在 Alq_3 的附着能力 [140]。

② 阳极材料。最常被当作阳极导电材料的是氧化铟锡（Indium Tin Oxide, ITO），它是一种相当稳定、导电性能优良且透光性较好的电极材料，在 OLED 器件的研发中被广泛使用 [141]。ITO 透明电极一般用在玻璃基板上，通常在 215 ºC 以上的温度下生长成膜。ITO 薄膜的制备方法有溅镀 [142]、化学气相沉积（Chemical Vapor Deposition, CVD）[143]、喷雾高温分解（Spray Pyrolysis）[144] 等。另外一种方法是利用激光脉冲熔射（Pulsed Laser Ablation）[145] 和离子束辅助沉积（Ion Beam Assisted Deposition）[146] 等在低温下制备生长。

通常需要对阳极 ITO 薄膜的表面进行前处理以达到更好的注入效率。有报道表明，未经处理的阳极 ITO 薄膜表面，碳氢化合物的污染会造成功函数的下降 [147]，利用氧等离子体（Oxygen Plasma）[148]、紫外光臭氧处理（UV–Ozone）[149] 等方法清洁其表面，均可使功函数增加 [150]，并增进其与有机层界面间的结合、降低驱动电压、增加空穴的注入效率，更重要的是可以增加器件的稳定性与寿命 [151]。

③ 空穴注入层材料。常用的空穴注入层材料有 CuPc[152]、星状的 arylamines[153] 和 polyaniline[154]。另外一种广泛用于促进空穴注入的高分子材料为 poly（3,4–ethylenedioxythiophene）: poly（styrene），俗称 PEDOT。PEDOT 作为空穴注入层，可使 ITO 表面平整化，减小器件的短路概率，降低起始电压，并延长工作寿命 [155]。

另外一种有助于空穴注入的方法是在 ITO 薄膜表面蒸镀一层非常薄（0.5 ~ 2 nm）的绝缘物质，文献中称作缓冲层（Buffer Layer），如 SiO_2[156]、CFx[157]、Teflon[158]、SiOxNy[159]、LiF[160] 等，皆可以改善空穴注入效率、降低驱动电压。

④ 空穴传输层材料。很多空穴传输材料（Hole Transport Material, HTM）被成功地用于有机电致发光器件。最为广泛使用的材料之一是 NPB，它容易合成和纯化，但它的高玻璃化温度较低（$T_g \approx 98$ ℃）。在新的空穴传输材料设计及合成中，研究的重点在于材料的热性质及薄膜形态稳定性改良，并寻找控制电荷注入及传输最佳化的途径。

⑤ 电子注入层材料。电子注入层材料（Electron Injection Material, EIM）发展至今，种类多样，一般有碱金属化合物（如氧化锂（Li_2O）、氧化锂硼（LiBO）、硅氧化钾（K_2SiO_3）或碳酸铯（Cs_2CO_3）[161] 等）和碱金属氟化物，如 MF（其中 M = Li、Na、K、Rb 或 Cs 等）。与先前的化合物一样，如果以 Al 为阴极，这些材料的最佳厚度通常小于 1 nm，其中最常用的是 LiF。

为了分析 Al/LiF/Alq_3/LiF/Al 器件的电子注入及电子传输行为，将该器件的 J–V 特性与 Mg/Ag 或纯铝电极制成的器件进行比较，以 LiF（0.1 ~ 0.2 nm）/Al 作为阴极的器件电流密度几乎达到空间电荷限制电流的理论预测值 [162]。

⑥ 电子传输层材料。要设计一个能使 OLED 器件效率显著提升的电子传输层材料（Electron Transport Material, ETM）需要有可逆的电化学还原性和足够高的还原电位，这是因为电子在有机薄膜中传导的过程是一连串的氧化 – 还原过程 [163]；需要有合适的 HOMO 和 LUMO 值，以使电子有最小的注入势垒，减小起始 / 工作电压，最好还具有空穴阻隔能力；需要有较高的电子迁移率，这样才能将电荷复合区域移到远离阴极的位置，并增加激子的产生速率。

作为电子传输层的有机物材料，一般采用噁唑衍生物[164]及其树状物[165]、金属螯合物（Metal Chelates）[166]、含硅的杂环化合物[167]、二氮菲衍生物[168]、二氮蒽衍生物[169]、喔啉衍生物[170]、喹啉衍生物[171]和全氟化的 p-(phenylene)$_s$ 寡聚物[172]等。

⑦ 荧光发光材料。促进 OLED 平板显示技术迅速发展的关键因素之一是主客掺杂发光体系统的发明，具有优越电子输运及发光特性的主发光体材料可以和各种高性能的荧光客发光体材料相结合，从而得到高效率 EL 及各种不同颜色的光。OLED 掺杂发光体的另一个优点是电激发产生的电致激子可转移到强荧光效率及稳定的掺杂物中发光，从而提高器件的工作稳定性，并将器件的非发光能量衰退概率降至最低。OLED 器件中不同发光颜色（红色、绿色、蓝色、黄色）使用的掺杂物如表 5.1 所示。

表 5.1　不同发光颜色 OLED 器件中使用的掺杂物

发光颜色	掺杂物	发光颜色	掺杂物
红色	DCM/ DCJ/ DCJT/ DCJTB	绿色	C-545T/C-545MT（香豆素衍生物）
	(PPA)(PSA)Pe（多环芳香族化合物）		quinacridone（喹吖啶酮衍生物）
	NPAFN/ NPAMLMe		5,12-diphenyltetracene（多环芳香族）
	TPP/ TPC/ TBDPP		1H-pyrazolo[3,4-b]quinoxaline
	$Eu(DBM)_3(TPPO)$/ $Eu(TTFA)_3(phen)$		GFP_3（绿色荧光蛋白质）
蓝色	diarylanthracene	黄色	5,6,11,12-tetraphenylnaphthacene
	di(styryl)arylene（DSA)		tetra(t-butyl)rubrene
	fluorene（芴）		
	pyrene（芘）		

5.1.2 绿光 OLED 器件的结构与制作

本章设计的 OLED 器件属于典型的多层下发光结构，利用光刻技术、有机分子束沉积技术和传统的封装技术制作而成。该器件的结构如图 5.4 所示，从阳极到阴极依次为：ITO/ NPB: 10wt% MoO_3（15 nm）/NPB（25 nm）/3DTAPBP（10 nm）/POAPF: 10% Ir（ppy）$_3$（30 nm）/TpPyPB（30 nm）/LiF/Mg: Ag。其中，NPB: MoO3、NPB、3DTAPBP、TpPyPB 分别为空穴注入层、空穴传输层、电子 / 激子阻挡层和电子传输层，POAPF: Ir（ppy）$_3$ 为发光层，ITO 和 LiF/Mg: Ag 分别为阳极和阴极。其中，POAPF 为双极性主体材料 2,7-Bis（diphenylphosphoryl）-9-（4-diphenylaMino）phenyl-9'-phenyl-fluorene。

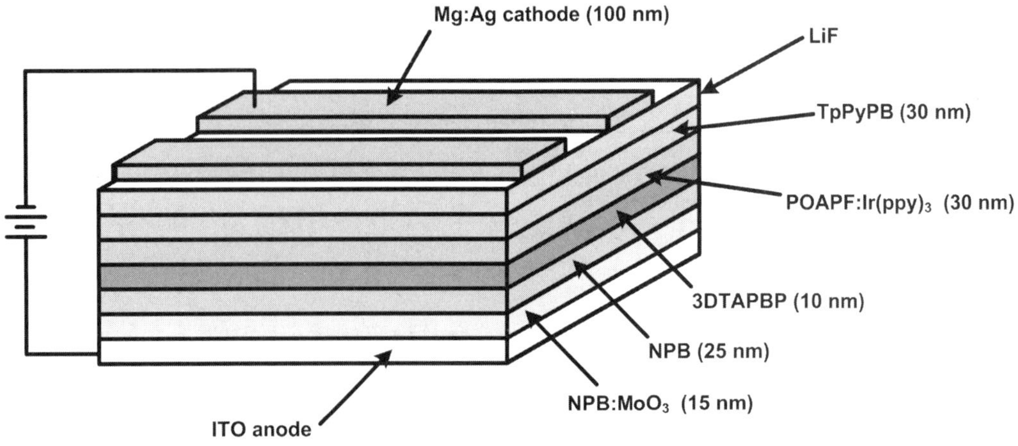

图 5.4　绿光 OLED 器件结构示意图

OLED 器件的制作过程如下：① 将 ITO 玻璃衬底分别采用 Decon 90 清洗液和去离子水进行超声清洗，经氮气吹干、烘箱烘干后进行 5 min 紫外臭氧处理；② 利用如图 5.5 所示的沈阳立宁真空技术研究所的 LN–182A 多源有机气相沉积系统，在 ITO 玻璃衬底上制备有机多层薄膜，薄膜生长过程中所用的材料被分别放置在不同的蒸发源 (石英坩埚) 中，每个蒸发源的温度可以单独控制，按照设计的结构分别生长不同的有机材料。在生长过程中，系统的真空度维持在 5.0×10^{-4} Pa 左右，衬底放在真空室上部距蒸发源 25 cm 位置处，它可以自转和公转以保证有机膜的均匀性，材料生长的厚度和速率可根据设计的结构由仪器进行控制 [173]。

(a) 气相沉积系统外观

(b) 系统控制面板

图 5.5　LN-182A 多源有机气相沉积系统

OLED 器件的封装主要是将其与外界环境隔离，以防水分、有害气体、尘埃及射线侵入，同时防止外力损伤并稳定器件各项参数，提高其使用寿命。本书的研究为在刚性基板玻璃上制作出电极，然后和各有机功能层进行封装。这种封装方法一般是给器件加一个盖板，并在盖板内侧贴附干燥剂，再通过环氧树脂等密封胶将基板和盖板相结合。此种封装可以在基板和盖板之间形成一个罩子，从而把器件和空气隔开，可有效防止各功能层及阴极与空气中的水、氧气等发生反应。整个封装过程在充有氮气或氩气等惰性气体的手套箱内完成，手套箱内水汽含量小于 3.0×10^{-6}。这种封装中使用的密封胶为多孔性胶，空气中的水分容易渗透到器件内部使器件表面变性产生黑斑，可通过在器件内部加入氧化钙或氧化钡作为干燥剂来吸收水分。

根据之前设计的结构，制备的 OLED 器件如图 5.6 所示。

图 5.6　制备的 OLED 器件照片

5.1.3 绿光 OLED 器件的性能测试

为了解所制备的 OLED 器件的发光性能，在大气和室温（25 ℃）条件下，利用 Keithley 2400 数字源表、柯尼卡美能达 LS-110 亮度计和海洋光学 Maya 2000 Pro 光纤光谱仪，对 OLED 器件的发光光谱和电压 - 电流 - 效率特性进行测试。其中，绿光 OLED 器件的发射光谱与被测样品罗丹明 B 的吸收光谱如图 5.7 所示，电压 - 电流、电压 - 效率特性分别如图 5.8(a) 和 (b) 所示。

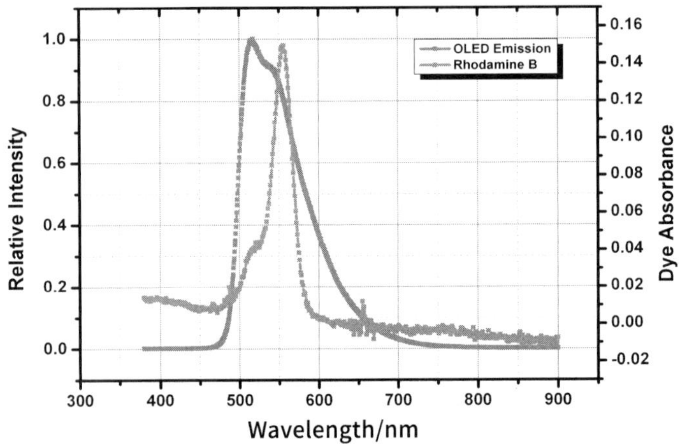

Wavelength—波长；Relative intensity—相对强度

图 5.7　绿光 OLED 器件的发射光谱和罗丹明 B 样品的吸收光谱

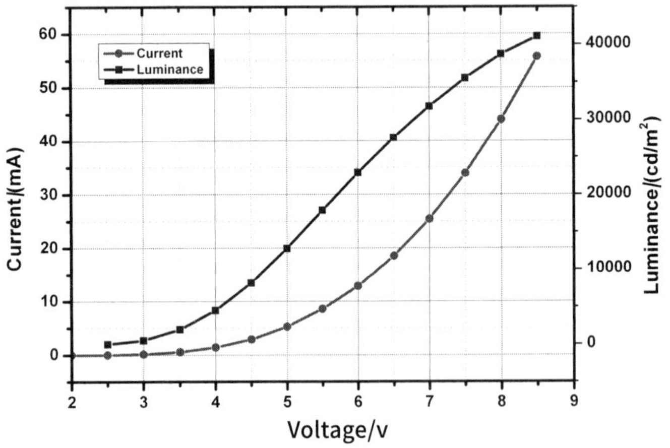

(a) Voltage—电压；Current—电流；Luminance　发光亮度；

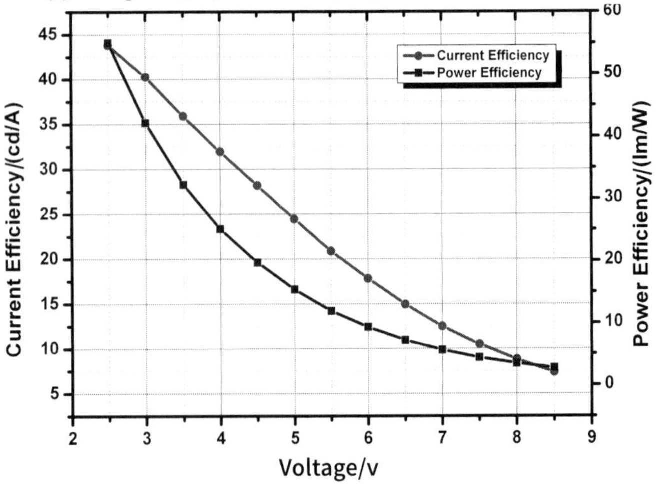

(b) Voltage—电压；Current efficiency— 电流效率；Power efficiency—电源效率

图 5.8　绿光 OLED 器件的特性曲线

从图 5.7 和图 5.8 中可以看出，OLED 器件的峰值发射波长为 520 nm，半峰宽近 75 nm，最大驱动电压为 8.5 V，亮度为 41 000 cd/m^2。本书选用的罗丹明 B 样品的吸收光谱峰值波长约为 550 nm，与 OLED 发光器件的峰值波长相差不大，因此制作的 OLED 器件可以用来激发罗丹明 B 样品发出荧光信号。

制作出的 OLED 器件与贴片式 LED 器件发光强度对比如图 5.9 所示。OLED 器件的发光强度不及贴片式 LED，为此本书开展了提高 OLED 器件外量子效率的研究。

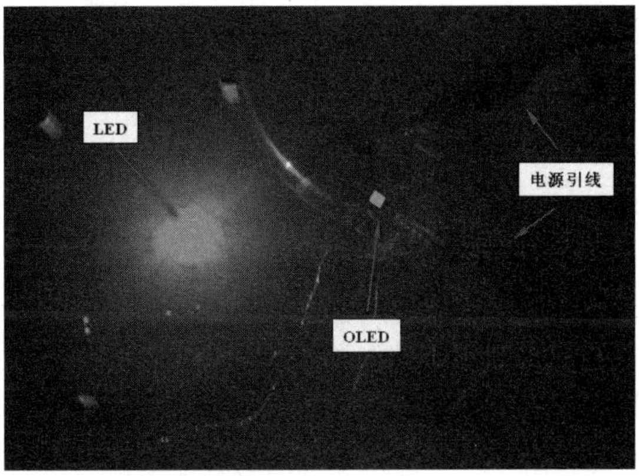

图 5.9　OLED 器件与贴片式 LED 器件发光强度对比

5.2　微透镜阵列提高 OLED 器件外量子效率研究

5.2.1　器件外量子效率提高的理论分析

OLED 电致发光器件的外量子效率可由以下公式表示：

$$\eta_{\text{ext}} = \eta_{\text{o-s}} = \eta_{\text{s-α}} \tag{5.1}$$

式中：$\eta_{\text{o-s}}$ 为有机发光层发射到基底的发光效率；$\eta_{\text{s-α}}$为由基底出射到空气中的发光效率，由于后者决定其激发样品产生荧光信号的强度，因此本节重点研究如何有效提高 $\eta_{\text{s-α}}$。对于传统的平面光学器件，由基底出射到空气中的 $\eta_{\text{s-α}}$ 可表示为：

$$\eta_{\text{s-α}} = \frac{\int_{0°}^{90°} G(\theta)\sin\theta T(\theta)\mathrm{d}\theta}{\int_{0°}^{90°} G(\theta)\sin\theta\mathrm{d}\theta} \tag{5.2}$$

式中：$G(\theta)$ 为光在玻璃基底中的角度分布；$T(\theta)$ 为界面的透射系数。对于平面基底，由菲涅尔公式可知，当入射角 θ 大于玻璃与空气界面的临界角时，$T(\theta) = 0$。

有机电致发光 OLED 器件中的光传播模式如图 5.10 所示。其中，在玻璃与空气之间的界面上，入射角大于临界角的光会发生全反射，进而导致近 30% 的发射光将在玻璃基底内传播而不能耦合到空气中。在 ITO 层或有机层中以波导模式传播的光将会损失约 50%。因而 OLED 器件的外量子效率通常只能达到近 20%，这很大程度上限制了其在实际中的应用。如何在不影响 OLED 器件辐射光谱的前提下提高其外量子效率，已成为相关领域内的研究热点。

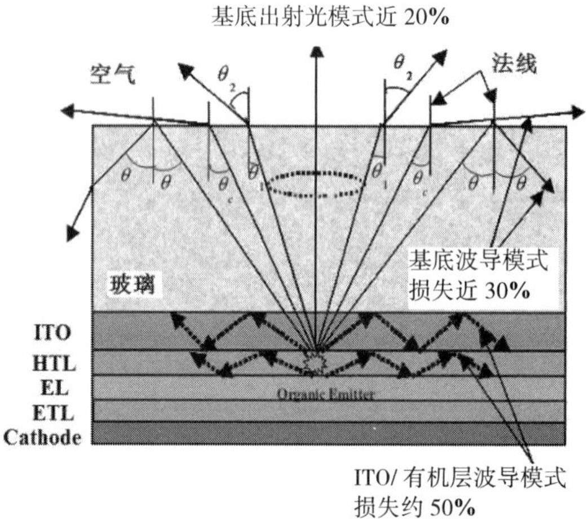

图 5.10　OLED 器件中多种光传播模式示意图

为了削弱玻璃与空气界面之间的全反射现象，使得大于临界角的出射光耦合到空气中，可利用周期性的微结构来实现。为此，本书通过在玻璃基底贴附微透镜阵列（Micro Lens Array, MLA）薄膜的方式来实现此目的。当 OLED 器件基底贴附 MLA 薄膜时，出射光从由平面玻璃射入空气变成了由 MLA 进入空气，MLA 结构改变了出射光在玻璃与空气界面的入射角及全反射临界角，破坏了玻璃与空气界面的全反射条件，将玻璃基底中的光萃取到空气中，从而达到提高 OLED 器件外量子效率的目的。

5.2.2　微透镜阵列提高器件外量子效率的仿真分析

1. 仿真软件简介

LightTools 是美国 Optical Research Associates 公司开发的真正意义上的照明解析软件，已经作为业界标准被广泛使用。其内置三维 CAD 建模功能，与其他模块组合使用，可自由设定反射、透射、散射、偏振、薄膜等光学特性，通过精确的光线追踪，能够快速进行照明光学设计，并获得照度分布、亮度分布、色度分布等计算结果，已广泛应用于一般照明、液晶显示的背光导光板、投影仪、汽车照明、太阳能发光和导光管等领域的设计。其主要功能简单介绍如下。

（1）系统建模。该软件提供多种展现系统光机模型的方式和人机交互的手段，设计人员可直接在系统的二维、三维线框图或三维实体模型图上进行各种操作；透镜、反射镜和棱镜等光学元件及各种机械部件可极快地以图形方式“画入”系统。

（2）光机一体化设计。对光学和机械元件形状的描述，可通过一组尺寸可变的基本实体模型的布尔运算来实现。这些光学或机械元件形状虽然可能非常复杂，但均可以在软件中得到精确的展现和描绘，并以光学精度进行光线追迹。

（3）复杂光路设置。在光学设计中，特别是在多光路或折迭光路系统、带有棱镜或复杂曲面系统的光路设置和视觉模型验证中，LightTools 可以和 ORA 公司研制的 Code V 软件配合使用。

（4）杂光分析。软件中的非顺序面光线追迹功能，可以直观地描述在系统中任意表面上或介质中发生的任何光现象，如折射、反射、全反射、散射、多级衍射、振幅分割、光能损耗和材料吸收等，并根据需要自动、实时衍生出多路光路分支。

（5）照明系统设计分析。LightTools 可以精确地定义各种实际光源的形状和发光特性，利用其照明模块（ Illumination Module ）实现蒙特卡洛法（ Monte Carlo ）光线追迹，以确定某个或几个指定表面上的光照度、强度或亮度[174]。

2. 微透镜阵列提高器件外量子效率的仿真分析

玻璃基底表面贴附 MLA 薄膜的 OLED 器件结构如图 5.11 所示。其中，折射率 $n = 1.51$ 的玻璃基底上镀有一层折射率 $n = 2.05$ 的 ITO 薄膜作为阳极；有机发光层置于电子传输 / 注入层和空穴注入 / 传输层中间，器件顶部沉积一金属反射层作为阴极。MLA 薄膜贴附在器件的玻璃基底上，其制作材料是聚碳酸酯（Polycarbonate, PC, $n = 1.58$）。

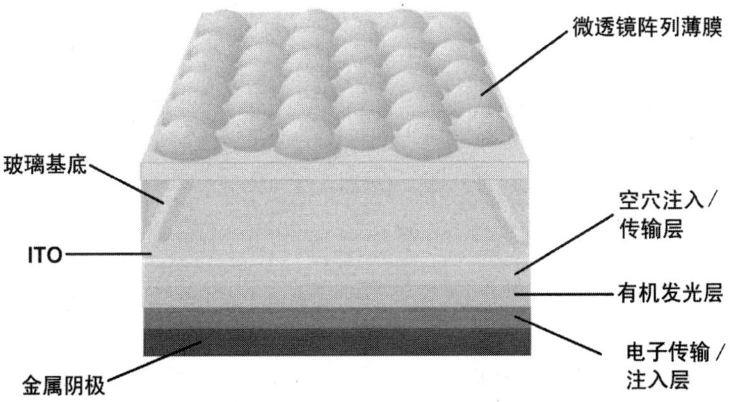

图 5.11　玻璃基底表面贴附微透镜阵列薄膜的绿光 OLED 器件结构

本节探讨 MLA 薄膜对 OLED 器件外量子效率的提高作用，主要通过改变出射光在 OLED 器件玻璃基底与空气界面传播的方向和能量来进行分析，对器件内部的作用不予考虑。因此，仿真分析时对 OLED 器件模型进行了简化：光源近似为波长 532 nm 的 Lambertian 分布面光源；假设发光点位于器件基底内，金属阴极反射层为理想平面反射镜，且紧贴玻璃基底；OLED 器件及 MLA 薄膜各面的光学特性均为分光束，即当光线入射到该面时发生反射和折射（考虑菲涅尔损失）。

模拟过程主要包括光源模型的建立，微透镜阵列模型的建立，虚拟面的添加及接收器设置。模拟过程中使用的光源为点光源，设置尺寸为 2 mm × 2 mm × 0.2 mm，光通量为 41 000 cd/m^2，发光角度为 180°。MLA 薄膜材料为 PC，折射率 $n=1.58$，微透镜形状为半球形，排列方式为正交排列。在光源和 MLA 设计完成以后，还需要添加一个接收出射光的虚拟面，然后在虚拟面上设置一个接收器。最后，通过软件的追迹功能自动计算出接收面上的光强分布。相对光强定义为：贴附 MLA 薄膜前后接收器接收到的光强之比。

（1）微透镜阵列占空比对绿光 OLED 器件外量子效率的影响

微透镜阵列占空比也称填充因子，是指微透镜所占面积与整个阵列面积的比值。如图 5.12 所示的正交排列、圆形基底 MLA 的占空比 K 可表示为：

$$K=\frac{\pi r^2}{(2r+l)^2} \tag{5.3}$$

式中：r 为微透镜的半径；l 为相邻微透镜间的最小间隔。占空比的大小从某方面可以反映 MLA 对入射光利用率的高低，占空比越大，说明微透镜能够较好地将入射光会聚到焦点上，损失的光能越少。

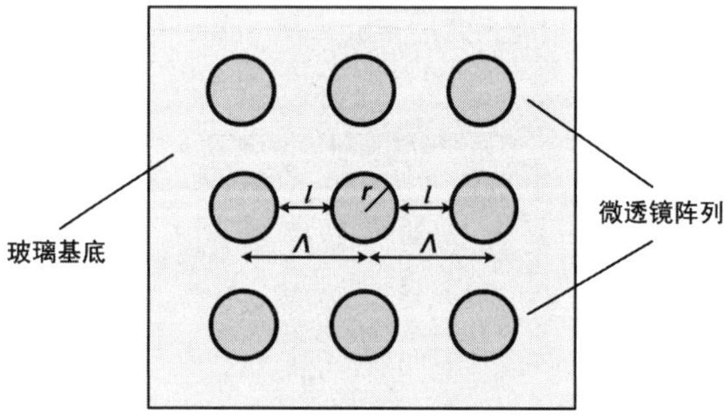

图 5.12　圆形基底微透镜阵列正交排列示意图

仿真分析中设定微透镜为半球形，直径为 50 μm，并保持不变。模拟结果如图 5.13 所示，横轴表示视场角，纵轴表示相对光强。其中，“without MLA”（黑色实心方框）给出了玻璃基底表面没有贴附MLA薄膜时,绿光OLED器件在不同视场角的相对光强;“MLA G 0”到“MLA G 50”分别表示在玻璃基底表面贴附不同占空比的MLA薄膜时，器件在不同视场角下的相对光强；G 0 ~ G 50 表示相邻微透镜间的间隔为 0 ~ 50 μm。

由图 5.13 看出，对于绿光OLED器件，在 –40° ~ 40° 的视角范围内，无论使用何种占空比的微透镜，其外量子效率都有所增加；MLA的占空比越大，即相邻微透镜之间的间隔越小，OLED器件的相对出射光强越大，特别是垂直玻璃基底方向（View Angle = 0°）的出射光强度增大效果越明显。当微透镜阵列紧密排列时，即“MLA G 0”，此时垂直OLED器件玻璃基底方向上的出射光强度最大。

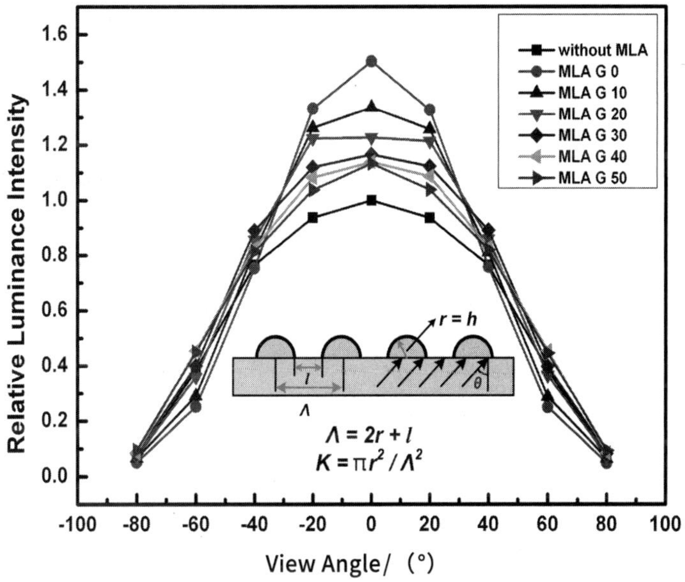

View angle—视场角；Relative luminance intensity—相对发光强度

图 5.13　微透镜阵列不同占空比对 OLED 器件外量子效率的影响

（2）微透镜阵列接触角对绿光OLED器件外量子效率的影响

模拟过程中，设定MLA为正交排列，相邻微透镜间的间隔为 2 μm。微透镜的接触角（Contact Angle，CA）可以通过改变其球冠的高度来实现，接触角的范围设定为 10° ~ 90°。模拟结果如图 5.14 所示，左上角插图为微透镜接触角示意图。“without MLA”表示玻璃基底表面没有贴附微透镜阵列薄膜的绿光OLED器件的发光强度，“MLA CA 10”到“MLA CA 90”分别表示玻璃基底表面贴附有微透镜阵列薄膜的绿光OLED器件的发光强度，其接触角为 10° ~ 90°。

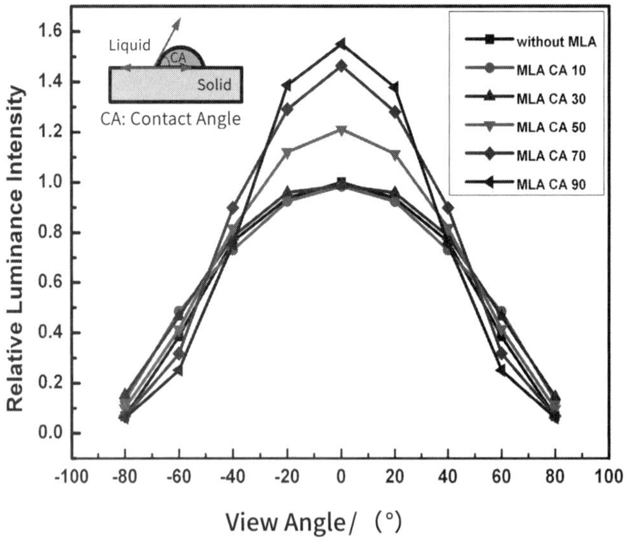

View angle—视场角；Relative luminance intensity—相对发光强度

图 5.14 微透镜阵列不同接触角对 OLED 器件外量子效率的影响

由图 5.14 可以看出，当微透镜的接触角为 10°～30° 时，MLA 对绿光 OLED 器件的外量子效率作用不明显；当接触角逐渐增大，直至 90° 时，在 –40°～40° 的视角范围内，OLED 器件的外量子效率得到了明显提高，且接触角越大，OLED 器件的相对出射光强越大，垂直 OLED 器件玻璃基底方向（View Angle = 0°）的出射光强也越大。当微透镜的接触角为 90° 时，垂直 OLED 器件玻璃基底方向的出射光强达到最大。

（3）半球形微透镜阵列直径尺寸对 OLED 器件外量子效率的影响

圆形基底的半球形微透镜球面各个方向是同性的，设定相邻微透镜间的距离为 2 μm。仿真过程中保持接触角为 90° 不变，即微透镜为半球形结构，只改变微透镜的直径，分析 MLA 尺寸对绿光 OLED 器件外量子效率的影响，模拟结果如图 5.15 所示。其中，“MLA D 10”到“MLA D 50”表示绿光 OLED 器件玻璃基底表面贴附微透镜直径为 10 μm 到 50 μm 的 MLA 薄膜。

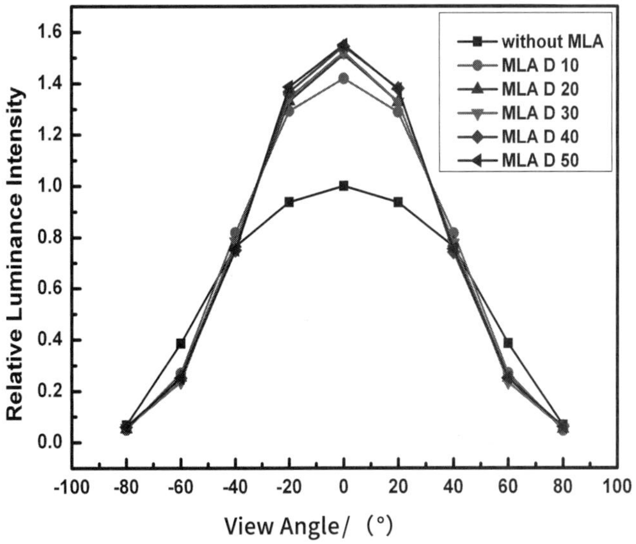

View angle—视场角；Relative luminance intensity—相对发光强度

图 5.15　半球形微透镜阵列不同直径对 OLED 器件外量子效率的影响

由模拟结果可以看出，对于绿光 OLED 器件，无论采用何种直径的微透镜阵列薄膜，在 −40°~ 40° 的视角范围内的外量子效率均得到了提高。在设定的模拟条件下，当微透镜的直径为 50 μm 时，垂直 OLED 器件玻璃基底方向（View Angle = 0°）的出射光强度最大。

根据上述仿真结果可知，利用微透镜阵列薄膜可以提高 OLED 器件的外量子效率，并且微透镜阵列的占空比、接触角及微透镜的直径越大，垂直 OLED 器件玻璃基底方向的出射光强度越大。据此，实验中使用的微透镜阵列薄膜在扫描电镜（Scanning Electron Microscope, SEM）下的照片如图 5.16 所示，该薄膜的半球形微透镜直径约为 60 μm，占空比约为 80%，基本处于最佳工作状态。

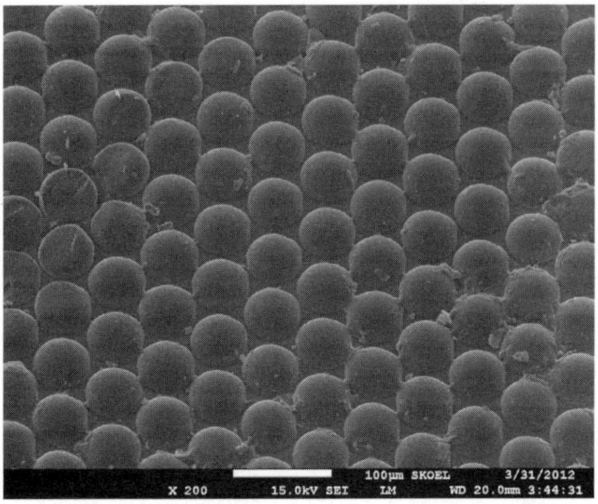

图 5.16　半球形微透镜阵列薄膜扫描电镜图

贴附微透镜阵列薄膜前后的 OLED 器件发光强度随角度变化的特性曲线对比如图 5.17 所示。从图中可以看出：贴附微透镜阵列后，器件的发光强度得到了增强。此外，随着观察角度的变化，器件发光强度的变化没有未贴附微透镜阵列时明显，角度特性得到了改善。

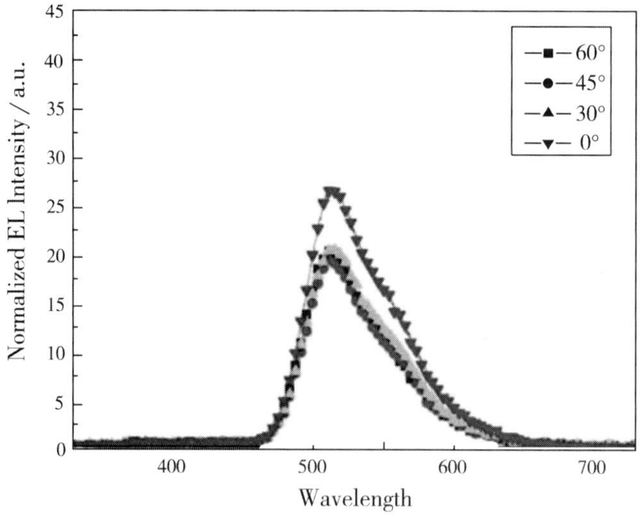

(a) 未贴附微透镜阵列

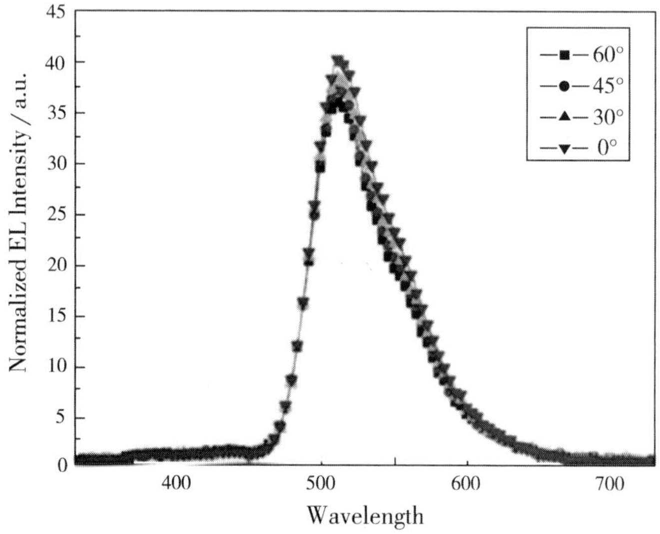

(b) 贴附微透镜阵列

Wavelength—波长；Normalized EL intensity—发光强度归一化值

图 5.17 贴附微透镜阵列薄膜前后 OLED 器件亮度和角度特性对比

5.3 检测系统的设计与实现

5.3.1 检测系统的组建

基于 OLED 诱导的毛细管电泳芯片荧光检测系统为如图 5.18 所示的垂直层叠式结构，主要由光路系统、CCD 光电转换器件、信号处理单元等部分组成。

光路系统中使用的器件主要有绿光 OLED 光源（中心发射波长为 520 nm，有效发光面积 1 mm^2，驱动电压为 8.5 V），PDMS 聚焦透镜（使入射光会聚到一点，半径 2 mm、3 mm、4 mm 可选），两片偏振方向互相垂直的线性玻璃偏振片（Edmund Optics NT–66182，波长 400 ~ 700 nm 范围内的消光系数为 10 000 ： 1），针孔（使电泳谱图的半峰宽维持在一个较小的范围内便于数据处理，直径为 1 mm），等。

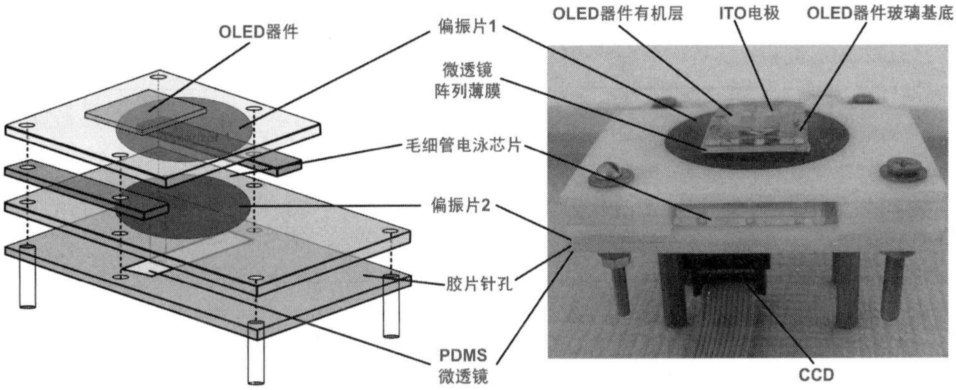

图 5.18 垂直层叠式 OLED 诱导荧光检测系统结构

系统中选用的 CCD 为高灵敏度线阵器件 TCD1304AP，其灵敏度高达 160 V/（lux·s），光谱响应峰值波长为 550 ~ 750 nm，可用来检测本系统中绿光 OLED 光源激发出的峰值波长为 580 nm 的荧光信号。

信号处理单元采用 Cypress 公司生产的 CY7C68013 芯片搭建数据采集卡，利用 FPGA 搭建数据采集系统；光电转换器件采集到的荧光模拟信号经高速 A/D 转换芯片后，由数据采集系统的 USB 模块上传到上位机进行处理。上位机加载 USB 驱动后，将电路板通过 USB 接口与个人计算机相连，打开数据采集程序后进入用户界面，用户对系统参数设置后即可进入荧光信号采集状态。

在搭建光路系统时，需将 OLED 激发光源、PDMS 聚焦透镜、针孔 3 个单元尽量保证三点一线对齐，以确保绿光照射到毛细管电泳芯片的检测点上激发出荧光信号。此外，CCD 器件的光敏单元需与电泳芯片分离通道上的检测点对准。

整个系统搭建完毕后，对 OLED 器件施加驱动电压，将罗丹明 B 样品溶液注入毛细管电泳芯片的样品池，并分时施加进样电压和分离电压，随后开启数据采集程序，即可对荧光信号进行采集，进而实现对注入样品的分析和检测。

5.3.2 光路系统优化

近年来，OLED 器件由于成本低廉、加工方法灵活以及易于与毛细管电泳芯片集成（表面薄膜状）等特性，被认为可能成为常规毛细管电泳芯片荧光检测系统中激光器的理想替代品之一。但是，现有的 OLED 器件普遍存在光谱范围宽、发射强度低等问题，其与激光器部分性能参数的比较如表 5.2 所示。

表 5.2　OLED 器件与激光器性能参数比较

性能参数	激光器	OLED 器件
光谱范围 /nm	5 ~ 10	60 ~ 90
发射角 /（°）	< 5	约 170
辐射通量	mW	μW

为了得到理想的检测结果，同时考虑到增加 OLED 光源和荧光信号的入射光强度并降低成本，本书分别在 OLED 光源表面贴附微透镜阵列薄膜及在针孔上方放置自制的聚二甲基硅氧烷（Polydimethylsiloxane, PDMS）聚焦透镜。PDMS 透镜形状为半球形，实物照片如图 5.19 所示，从左至右半径尺寸依次为 4 mm、3 mm 和 2 mm。

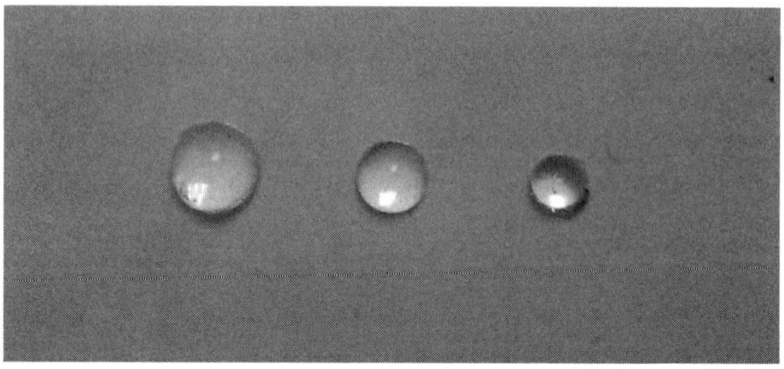

图 5.19　PDMS 聚焦微透镜实物照片

5.3.3 芯片设计加工与电泳条件

实验中所用芯片为玻璃材质制作，它的单元结构为常规的“十”字构型，实物照片如图 5.20 所示，制作过程可参照本书的 2.2.2 节。芯片尺寸为 40 mm × 80 mm。其中，微通道深 60 μm，宽约 100 μm，样品进样通道长 10 mm，分离通道长 40 mm，十字交叉点处与检测点之间的距离为 30 mm，储液池直径为 2 mm，容积约为 5 μL。由于实验过程中采用电动进样模式，因此芯片电泳的驱动条件与 4.2.6 节中描述的基本相同。

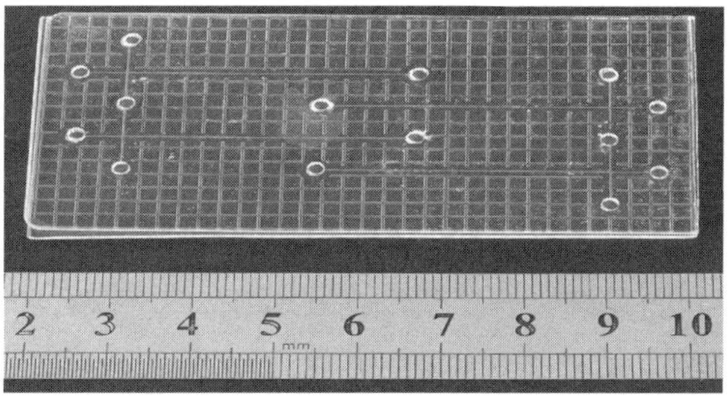

图 5.20　四通道毛细管电泳芯片实物照片

5.3.4　软件数据采集程序

本章所采用的光电转换器件为第四章介绍的 TOSHIBA 公司生产的 TCD1304AP 型线阵 CCD。CCD 的驱动电路、外围电路等硬件设计与 4.2.4 节中的基本相同，这里着重介绍一下数据采集程序。数据采集程序控制面板分为功能按钮和曲线绘制窗口。其中，功能按钮包括“打开”或“关闭数据采集卡”“参数（通道参数和采样参数）设置”等；曲线绘制窗口可根据实验操作的不同显示当前一帧数据或随时间变化的电泳分离谱图，两者可复用同一显示界面。下面对主要的功能按钮分别进行介绍。

1. 设备的开启和关闭

lcDeviceOpen() 函数用于开启 CCD 设备，其实现过程是基于 USB 驱动层的 Creat 函数操作。调用方法为：m_hCcdDevice = lcDeviceOpen()。当应用层调用 CreatFile 函数创建设备句柄时，驱动层会自动调用 Creat 函数，然后找到对应的 CLASS_GUID，创建并返回设备句柄给应用层。假若不能正确打开设备，则会出现“系统警告”信息。

2. 电泳芯片通道数选择

检测系统设计的初衷是为了实现多通道毛细管电泳芯片的荧光信号检测，因此，在上位机的控制面板上需设计出对应的功能，能对通道参数和采集过程进行控制。当用户点击控制面板上的“通道设定”按钮时，会弹出“设置通道参数”对话框，在此对话框中可对通道采集个数和起始参数进行自定义设置。

假如系统同时对 4 个毛细管电泳通道进行荧光信号检测，则需要在“通道数选择”复选框中选择 4（考虑到实际需要，系统设计的通道数为 1 ~ 8 可选）。同时，下方的“通道参数设置”复选框中可对任一通道的起始、终止像素点位置进行设置。当某一通道参数设置好后，程序会自动定位到下一通道，无须手动控制，人机交换体验良好，减少了重复操作。

3.CCD 积分时间设置

为实现检测系统对不同浓度被测样品的合理响应，如样品浓度较大时选用较小的放大倍数，而浓度较小时选用较大的放大倍数，软件设计中考虑了 CCD 积分时间的功能设置。当点击数据采集程序控制面板上的“参数设置”按钮时，会弹出“设置 CCD 积分时间”对话框，CCD 积分时间有 1 ~ 9 共计 9 个挡位。当复选框的下拉值被选中时，会触发 CBN_SELCHANGE 消息，接着在其消息响应函数中调用 CCD 参数设置函数。此函数在驱动层接着调用 DeviceControl 函数，通过对应的控制管道将参数传输至下位机，最终实现控制 CCD 积分时间的目的。

4. 采样参数设定

为了合理地使用程序内存，同时对采样的数据进行有效的存储，设计的软件要能够对采样点数进行设置。设采样点数为 N，采样时间为 T，采样速率为 S，则每次数据采样的点数 $N = T \cdot S$。因此，只要能对采样时间和采样速率进行控制，即可实现对采样点数的有效控制。当点击数据采集控制面板上的“采样参数设定”按钮时，即弹出“设定采样参数”对话框，点击其中的复选框即可对采样参数进行设置。

5.4 结果与讨论

OLED 诱导荧光检测系统工作的过程中可选择的变量包括：OLED 光源的驱动电压、PDMS 聚焦透镜的半径参数、两偏振片之间的相对偏振角度、针孔直径和 CCD 积分时间等，它们都会对检测结果产生一定的影响。根据本书 4.3.2 节和 4.3.3 节的分析结果，将两偏振片之间的相对偏振角度确定为 90°，针孔直径为 1 mm；OLED 光源的驱动电压确定为 8.5 V，因为在此条件下可得到 41 000 cd/m^2 的最大亮度。本节将重点考察聚焦透镜的半径及 CCD 积分时间对检测信号的影响，以获得毛细管电泳检测系统最佳工作状态的参数设置。

5.4.1 聚焦透镜半径对检测效果的影响

本书进行了四组实验，分别考察 OLED 光源在不使用透镜及使用小透镜（r=2 mm）、中透镜（r=3 mm）、大透镜（r=4 mm）情况下的聚焦效果。在实验过程中，保持 OLED 器件的驱动电压为 8.5 V 不变，CCD 积分时间选“1”挡，即积分时间最短，大约为 20 μs。检测到的实验数据如表 5.3 所示。

表 5.3　透镜半径不同时聚焦效果对比

	无透镜	小透镜 (r=2 mm)	中透镜 (r=3 mm)	大透镜 (r=4 mm)
光强量化最大值	643	920	1 603	794
光斑响应像元数	462	398	524	402

从数据中可以看出：当系统使用不同半径的透镜后，OLED 光源照射至测试样品上的光强均比不使用透镜时得到了不同程度的增强，这说明配置微透镜起到了会聚入射光的作用。其中，以中透镜效果最为明显，光强比没有透镜时增强了近 2.5 倍，而小透镜和大透镜增强效果不如中透镜。这主要是由于本实验要求透镜紧贴 OLED 器件，进而导致中透镜聚焦效果优于其他两者。因此，在后续的实验中半径为 3 mm 的透镜作为会聚透镜被置于 CCD 检测器件的前端，以使微弱的荧光信号得到会聚增强。

5.4.2　CCD 积分时间对检测结果的影响

CCD 积分时间的长短决定了电子快门的开启时间，进而影响到每次荧光信号采集过程中积分电荷的数量。为考察 CCD 积分时间（采样灵敏度）对检测结果的影响，设计实验如下：使用浓度为 1.0×10^{-2} M 的罗丹明 B 样品在 OLED 诱导荧光检测系统中进行电泳分离，OLED 光源的驱动电压为 8.5 V 不变，针孔直径为 1 mm，CCD 使用同一像素区域，只通过数据采集程序控制面板上的“积分时间设置”对话框来改变采样灵敏度，其值的范围为 1 ~ 9。其中，选取 2 ~ 4、7 ~ 9 挡时得到的检测结果如图 5.21 所示。

由测试结果可以看出：在相同的实验条件下，不同的采样灵敏度将直接影响到最终的检测结果。这是由于相同的 OLED 激发光源通过相同的光路系统后，照射至同一浓度的分离样品时激发出的荧光信号强度虽然相同，但 CCD 积分时间越长，单次采集到的荧光信号积分电荷数量就越多，响应曲线的峰值就越大。此外，当采集灵敏度挡位设为 8 时，荧光信号已达到 CCD 光强响应量化值的峰值 4 050，此时，即使挡位设置为 9，响应曲线也将一直维持在 4 050 的峰值，如图 5.21(e) 和 (f) 所示。因此，为最终得到理想的检测效果，检测过程中应根据被测样品的浓度灵活选用 CCD 器件的积分时间。

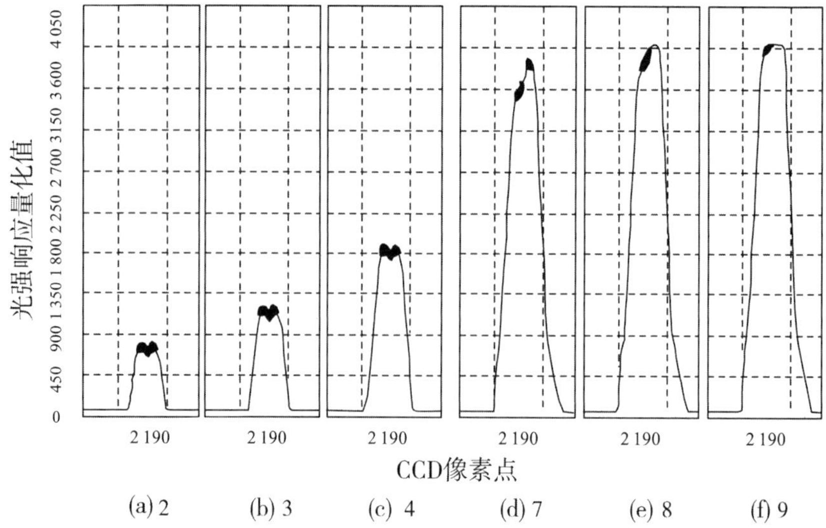

图 5.21 CCD 积分时间对检测结果的影响

5.4.3 OLED 诱导荧光检测系统检测结果

为考察所搭建荧光检测系统的检测限，设计实验如下：OLED 光源器件的驱动电压设定为 8.5 V，PDMS 聚焦透镜半径为 3 mm，两偏振片之间的相对偏振角度为 90°，针孔直径为 1 mm，CCD 积分时间挡位选为 9，选用同一像素区域，毛细管电泳芯片为单元结构为“十”字构型的四通道芯片；分别向芯片进样通道中注入浓度为 1.0×10^{-6} M、1.0×10^{-5} M、1.0×10^{-4} M、1.0×10^{-3} M 的罗丹明 B 样品溶液进行毛细管电泳分离实验。进样电压设置为：样品池 600 V，样品废液池 0 V，缓冲液池 400 V，缓冲废液池 600 V；分离电压设置为：缓冲液池 800 V，样品池、样品废液池均为 600 V，缓冲废液池 0 V。利用设计的检测系统在上述检测条件下得到的电泳分离结果与图 3.15 相似，为了更清楚地分析不同浓度样品的检测结果，截取 CCD 器件检测曲线中峰值附近像素点的检测结果，如图 5.22 所示。图中横坐标表示 CCD 器件在峰值处的像素点数，纵轴表示像素点所对应的荧光信号相对强度。

从检测结果可以看出：不同浓度的罗丹明 B 样品，在相同积分时间下的响应曲线不尽相同，样品溶液浓度越高，对应的响应曲线峰值越大。这是因为强度相同的激发光源对不同浓度的样品激发出的荧光信号强度不同，样品浓度越大，相同积分时间内积累的电荷数量越多，激发出的荧光信号强度也就越大，进而导致响应曲线的峰值越大。由公式（2.30）计算得出本系统的检测限为 1.2×10^{-6} mol/L。与参考文献 [134] 中提出的有机发光二极管荧光检测系统相比，OLED 器件的亮度更高、光学结构更为简单、成本更低，且能够实现四通道样品的同时检测。

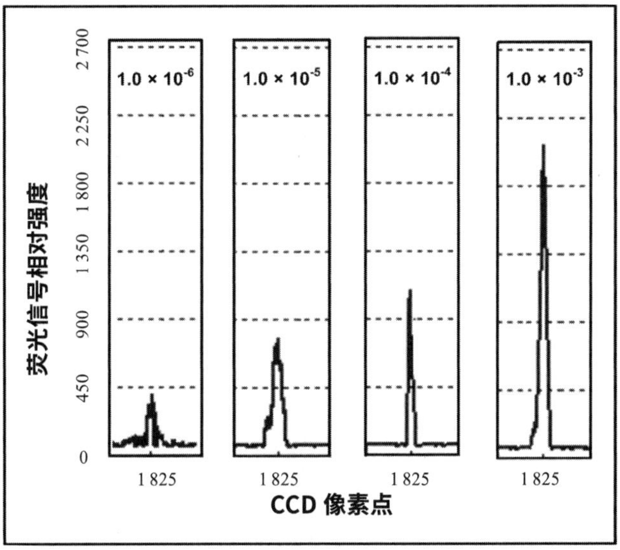

图 5.22　OLED 诱导荧光检测系统检测结果

5.5 本章小结

本章首先介绍了 OLED 器件的相关基础知识，包括其发光原理、器件结构、发光材料及封装方法等，在基本理论的指导下通过材料掺杂的方法制作出以 POAPF∶$Ir(ppy)_3$ 为发光层的绿光 OLED 器件，并对其进行了光谱测试及特性分析。

针对 OLED 器件发光强度较低的问题，采用在 OLED 器件的玻璃基底表面贴附微透镜阵列薄膜的方法，提高了入射光的强度。使用 LightTools 光学仿真软件，分析了圆形基底、正交排列的微透镜阵列的占空比、透镜接触角、透镜直径对 OLED 器件外量子效率的影响。

在对 CCD 积分时间、PDMS 微透镜直径、OLED 驱动电压及两偏振片间的偏振角度等参数进行优化之后，利用基于 OLED 激发光源的荧光检测系统，对罗丹明 B 样品溶液进行了毛细管电泳分离，检测限为 1.2×10^{-6} mol/L。

6 结论与展望

6.1 本书所做的研究工作

毛细管电泳芯片是微全分析系统的一个重要组成部分，在利用毛细管电泳芯片进行生化分析的过程中，被测样品的组分及含量等相关信息需由检测系统来测定，检测系统的性能将直接决定毛细管电泳芯片分析系统的优劣。但是，通常使用的激光诱导荧光或质谱检测器体积庞大，不利于实现微型化和集成化的目标，且价格昂贵，难以得到普及。因此，本书以高通量、微型化及集成化为目标，对毛细管电泳芯片及诱导荧光检测系统开展研究，完成的工作及取得的相关研究结果如下。

1. 在查阅大量国内外相关研究文献的基础上，分析了毛细管电泳芯片的基本原理及相关检测系统的结构，研究了玻璃芯片微通道的制作工艺，并以匀胶铬版为基底材料制作出用于实验的多通道毛细管电泳芯片。

2. 构建了结构紧凑、功耗小、灵敏度较高的光纤扫描式多通道毛细管电泳芯片激光诱导荧光检测系统。系统通过固定在扫描轴上的两条光纤分别传输激发光和荧光信号，采用通道识别电路实现了对不同分离通道内荧光信号的识别及检测结果的描述。利用以 STM32F103 芯片为核心的嵌入式控制系统，在外围接口电路的配合下实现了高速荧光信号采集、通道识别及与上位机通信等功能。以雪崩二极管作为光电信号检测器件，既降低了电路设计的复杂度，又减小了整个检测系统的体积，实现了高增益电泳荧光信号的测量。系统的优点是在不明显降低灵敏度的前提下，大大简化了多通道毛细管电泳芯片激光诱导荧光检测系统的光路结构，以较简单的机械结构形式得到较高的检测灵敏度。

3. 利用 CCD 器件噪声低、光谱响应宽、精度和灵敏度高等优点，搭建出以 TCD1304AP 型线阵 CCD 为光电转换器件的多通道毛细管电泳芯片荧光检测系统。系统采用贴片式 LED 光源，有效减小了光源体积；根据光学偏振原理，使用两片偏振方向互相垂直的偏振片滤除掉背景信号的干扰；利用 CCD 器件实现了对多个毛细管电泳通道内荧光信号的同时检测和显示。该系统充分利用 LED 光源、偏振片、针孔、CCD 等器件的有效组合，大大简化了传统的毛细管电泳芯片受激荧光信号检测的复杂光路结构，设计出结构紧凑、集成度较高、检测灵敏度较高、噪声较低的多通道毛细管电泳芯片检测系统。

4. 为进一步提高毛细管电泳芯片检测系统的集成度、降低成本、减小体积，制作出以 POAPF:Ir(ppy)$_3$ 为发光层的多层复合结构 OLED 器件，并对其光谱特性、亮度及效率特性进行了测试分析。针对 OLED 器件发光亮度较低，导致荧光检测系统检测信号相对较弱的问题，采用在 OLED 器件的玻璃基底表面贴附微透镜阵列薄膜的方法，提高入射光的强度。使用 LightTools 光学仿真软件，分析了圆形基底、正交排列的微透镜阵列的占空比、透镜接触角、透镜直径对 OLED 器件外量子效率的影响，确定了最佳结构参数。利用研制的 OLED 器件作为光源，通过偏振片、针孔、微透镜阵列、微小透镜及 CCD 光电探测器，组建了基于 OLED 的集成度较高的多通道毛细管电泳芯片检测系统，实现了对罗丹明 B 样品溶液的电泳分离检测。

5. 完成了 CCD 驱动电路及检测系统软件的设计。驱动电路主要包括时序驱动、电压调整、积分时间控制及电源电路等；系统软件主要包括嵌入式程序、8051 固件编程及数据采集程序等。与常规荧光检测系统中光电倍增管或其他检测器件成本高昂相比，特别是与目前多通道毛细管电泳芯片检测系统的复杂光学结构相比，本书采用 CCD 组建的检测系统，光学系统结构简单，成本较低，便于与其他器件组合构建微型化和集成化多通道毛细管电泳芯片检测系统。

6.2 问题和展望

由于研究时间有限，本课题尚存在一些问题，如：OLED 光源的发光强度要进一步提高，系统中各组成部分需进一步优化和集成，测量样品的通道数目还要增加，芯片的结构设计要进一步改进，系统的检测灵敏度及精度需进一步提高，这些问题需要在日后的研究中加以解决。下面对课题的进一步开展提出几点设想：

6.2.1 光学系统优化

（1）光源：通过寻找更好的掺杂材料及确定掺杂物的最佳浓度，制作出性能更好、亮度和纯度更高的薄膜式 OLED 器件作为激发光源。

（2）滤光片：设计并加工出厚度为微米级的薄膜式滤波片，在去除激发光谱中覆盖荧光范围的杂散光或反射光等干扰信号的同时，更易于与毛细管电泳芯片及光源集成在一起。

（3）检测器：常规采用的光电转换器件无外乎 PMT、CCD 或光电二极管，但上述器件体积相对较大，且难以与系统整体集成。近年来，随着高灵敏度薄膜式有机光电二极管（Organic Photodiode, OPD）的出现，使得毛细管电泳芯片检测系统整体集成有了可能。OPD 器件的结构和 OLED 类似，均是通过依次沉积不同厚度的有机物薄层并加以封装制作而成，若能制作出与光源 OLED 器件相匹配的 OPD 作为光电检测器件，将有望实现系统的整体集成化及微型化。

6.2.2 电泳芯片优化

（1）芯片材料：可采用 PDMS 材料或纸材料 [175–179] 来制作毛细管电泳芯片。与常规微机电加工工艺中使用的硅、玻璃及石英等材料相比，PDMS 具有价格低廉、制作容易、易于封装、生物适应性和气体通透性良好等优点。此外，利用 PDMS 具有化学惰性表面这一性质，可通过不同的方法对其表面进行改性处理以改善其亲水性。

纸质微流控芯片简称纸芯片，是以纸（如滤纸、层析纸）作为芯片制作材料和生化分析平台的一种微流控芯片。与传统试纸条相比，纸芯片以微通道形成网络，以可控流体贯穿整个系统，既有定量、定速、流体均一等优点，又可同时检测多个样品或多个指标，实现更高的通量 [180–183]；纸芯片还能组装成三维结构，只需一次进样，即可完成多步分离、纯化及检测 [184–188]。目前，纸芯片技术已开始涉足临床诊断和食品安全等领域，具有重要的现实意义和实用价值。

（2）芯片结构及制作工艺：配合 OLED 激发光源及 OPD 检测器的结构，对芯片的结构进行优化设计，提高整个分析系统的集成度；同时，以实现商品产业化为目的，改进和完善芯片的加工工艺，研究不同结构的芯片微通道内流体的理化特性，为今后加工具有不同功能的毛细管电泳芯片提供制作参数。

（3）尝试其他的检测方式：如生物传感器检测、单分子荧光检测。

近年来，生物传感器作为一种检测途径，由于其专一、快速、易于微型化和自动化的特点，受到了微流控研究人员越来越多的关注 [189–191]。它是指用固定化的生物成分或生物体本身作为信号感受部分的传感器，比如以 DNA 为敏感元件，通过信号转换器将 DNA 与 DNA，DNA 与 RNA 或与其他有机、无机离子之间作用所产生的生物学信号转变为可检测信号。

单分子毛细管电泳及单分子芯片电泳代表了电泳发展最新趋势之一，虽然距离用于实际样品分析尚有一定距离，但它显示了极具诱惑力和挑战性的发展前景。最近几年生物大分子的功能监测及细胞内单分子的示踪已成为单分子检测领域内新一轮的研究热点[192-195]。

创新点摘要

1. 设计并实现了光纤扫描式多通道毛细管电泳芯片激光诱导荧光检测系统。该系统利用固定在扫描轴上的两条光纤分别传输激发光和荧光信号，通过曲柄将电机的转动转换成扫描轴的往复运动，采用雪崩二极管作为光电转换器件，利用嵌入式控制系统实现了多通道荧光信号的采集、通道识别及结果显示等功能。该系统大大简化了多通道毛细管电泳芯片激光诱导荧光检测系统的光路结构，通过光纤和较简单的机械结构形式得到了较高的检测灵敏度。

2. 为了消除毛细管电泳芯片诱导荧光检测系统中激发光源的反射光和杂散光的干扰，采用两片偏振方向互相垂直的线性玻璃偏振片代替传统激光诱导荧光检测系统中的滤光片，使用贴片式绿光 LED 代替传统的半导体固体激光器，利用高灵敏度的线阵 CCD 作为荧光信号检测器件，并结合针孔及微透镜等组成了结构紧凑的垂直层叠式多通道毛细管电泳芯片检测系统，进一步提高了系统的信噪比及检测灵敏度。

3. 从光源微型化和集成化的角度出发，制作出以 POAPF:Ir(ppy)$_3$ 为发光层的绿光 OLED 器件，为提高 OLED 器件照射到毛细管电泳芯片上的入射光强，在 OLED 器件玻璃基底表面贴附微透镜阵列薄膜，利用 LightTools 光学仿真软件分析了微透镜阵列结构对 OLED 器件外量子效率的影响，组建了基于 OLED 的多通道毛细管电泳芯片检测系统，实现了对罗丹明 B 样品溶液的电泳分离检测。

参考文献
REFERENCE

[1] SKEGGS L. An automatic method for colorimetric analysis [J]. American Journal of Clinical Pathology, 1957, 28:311–322.

[2] 刘菁 . 基于微流控芯片的分析检测系统研究 [D]. 上海 : 中国科学院研究生院 (上海微系统与信息技术研究所), 2007.

[3] RUZICKA J, HANSEN E H. Flow injection analyses: Part I. A new concept of fast continuous flow analysis [J]. Analytica Chimica Acta, 1975, 78(1):145–157.

[4] RUZICKA J, HANSEN E H. Integrated microconduits for flow injection analysis [J]. Analytica Chimica Acta, 1984, 161(JUL):1–25.

[5] MANZ A, GRABER N, WIDMER H. M. Miniaturized total chemical analysis systems: a novel concept for chemical sensing [J]. Sensors and Actuators B: Chemical, 1990, 1(1–6):244–248.

[6] 张涛 . 非共焦微球激光诱导荧光检测实验系统的研究 [D]. 杭州 : 浙江大学 , 2004.

[7] JACOBSON S C, KOUTNY L B, HERGENROEDER R, et al. Microchip capillary electrophoresis with an integrated postcolumn reactor [J]. Analytical Chemistry, 1994, 66(20):3472–3476.

[8] WOOLLEY A T, MATHIES R A. Ultra–high–speed DNA sequencing using capillary electrophoresis chips [J]. Analytical Chemistry, 1995, 67(20):3676–3680.

[9] BURNS M A, JOHNSON B N, BRAHMASANDRA S. N., et al. An integrated nanoliter DNA analysis device [J]. Science, 1998, 282 (5388):484–487.

[10] ANDERSON R C, SU X, BOGDAN G J, et al. A miniature integrated device for automated multistep genetic assays [J]. Nucleic Acids Research, 2000, 28 (12):e60.

[11] THORSEN T, MAERKL S J, QUAKE S R. Microfluidic large–scale integration [J]. Science, 2002, 298(5593):580–584.

[12] AUROUX P, IOSSIFIDIS D., REYES D R, et al. Micro total analysis systems II: analytical standard operations and applications [J]. Analytical Chemistry, 2002, 74(12):2637–2652.

[13] REYES D R, IOSSIFIDIS D, AUROUX P, et al. Micro total analysis systems I: introduction, theory, and technology [J]. Analytical Chemistry, 2002, 74(12):2623–2636.

[14] VILKNER T, JANASEK D, MANZ A. Micro total analysis systems: recent developments [J]. Analytical Chemistry, 2004, 76(12):3373–3386.

[15] DITTRICH P S, TACHIKAWA K, MANZ A. Micro total analysis systems: latest advancements and trends [J]. Analytical Chemistry, 2006, 78(12):3887–3908.

[16] WEST J, BECKER M, TOMBRINK S, et al. Micro total analysis systems: latest achievements [J]. Analytical Chemistry, 2008, 80(12):4403–4419.

[17] ARORA A, SIMONE G, SALIEB–BEUGELAAR G B, et al. Latest developments in micro total analysis systems [J]. Analytical Chemistry, 2010, 82(12):4830–4847.

[18] VAN DER LINDEN H J, HERBER S, OLTHUIS W, et al. Stimulus–sensitive hydrogels and their applications in chemical (micro)analysis [J]. Analyst, 2003, 128(4):325–331.

[19] VANDAVEER W R, PASAS–FARMER S A, FISCHER D J, et al. Recent developments in electrochemical detection for microchip capillary electrophoresis [J]. Electrophoresis, 2004, 25(21–22):3528–3549.

[20] HAEBERLE S, ZENGERLE R. Microfluidic platforms for lab–on–a–chip applications [J]. Lab on a Chip, 2007, 7(9):1094–1110.

[21] GESCHKE O, KLANK H, TELLEMAN P. Microchip engineering of lab–on–a–chip devices [M]. New York: John Wiley & Sons, 2004.

[22] 方肇伦 . 微流控分析芯片 [M]. 北京 : 科学出版社 , 2003.

[23] OOSTERBROEK R E, VAN DEN BERG A. Lab–on–a–chip: miniaturized systems for bio(chemical) analysis and synthesis [M]. Amsterdam: Elsevier Science, 2003.

[24] 方肇伦 . 微流控分析芯片的制作及应用 [M]. 北京 : 化学工业出版社 , 2005.

[25] 林秉承 , 秦建华 . 图解微流控芯片实验室 [M]. 北京 : 科学出版社 , 2008.

[26] 黄智林 . 微流控芯片检测装置专用软件研制及实验研究 [D]. 杭州 : 浙江大学 , 2006.

[27] 安捷伦公司网站 [EB/OL].[2022–02–10].http://www.agilent.com.

[28] PerkinElmer[EB/OL].[2022–02–10].http://www.caliperls.com.

[29] CE Resources[EB/OL].[2022–02–10].http://cersb.com/.

[30] Hitachi[EB/OL].[2022–02–10].http://www.hitachi.jp.

[31] SHIMADZU[EB/OL].[2022–02–10].http://www.shimadzu.co.jp.

[32] 王炼 . 应用硅微通道流变分析系统观察载药红细胞流变及生物特性 [D]. 重庆 : 重庆大学 , 2006.

[33] 李晶 . 芯片毛细管电泳电化学酶联免疫分析检测肿瘤标志物 [D]. 青岛 : 青岛科技大学 , 2008.

[34] 杨承 . 毛细管电泳芯片的设计与加工技术研究 [D]. 武汉 : 华中科技大学 , 2004.

[35] 徐良基 . 微流体电泳芯片紫外 / 可见吸收检测系统的构建及应用研究 [D]. 上海 : 中国科学院研究生院 (上海微系统与信息技术研究所), 2004.

[36] MANZ A, HARRISON D J, VERPOORTE E M J, et al. Planar chips technology for miniaturization and integration of separation techniques into monitoring systems: capillary electrophoresis on a chip [J]. Journal of Chromatography A, 1992, 593(1/2):253–258.

[37] SEILER K, FAN Z H, FLURI K, et al. Electroosmotic pumping and valveless control of fluid flow within a manifold of capillaries on a glass chip [J]. Analytical Chemistry, 1994, 66(20):3485–3491.

[38] JACOBSON S C, HERGENRODER R., KOUTNY L B, et al. Effects of injection schemes and column geometry on the performance of microchip electrophoresis devices [J]. Analytical Chemistry, 1994, 66(7):1107–1113.

[39] WOOLLEY A T, SENSABAUGH G F, MATHIES R A. High–speed DNA genotyping using microfabricated capillary array electrophoresis chips [J]. Analytical Chemistry, 1997, 69(11):2181–2186.

[40] HUTT L D, GLAVIN D P, BADA J L, et al. Microfabricated capillary electrophoresis amino acid chirality analyzer for extraterrestrial exploration [J]. Analytical Chemistry, 1999, 71(18):4000–4006.

[41] EFFENHAUSER C S, PAULUS A, MANZ A, et al. High–speed separation of antisense oligonucleotides on a micromachined capillary electrophoresis device [J]. Analytical Chemistry, 1994, 66(18):2949–2953.

[42] MOORE JR A W, JACOBSON S C, RAMSEY J M. Microchip separations of neutral species via micellar electrokinetic capillary chromatography [J]. Analytical Chemistry, 1995, 67(22):4184–4189.

[43] JACOBSON S C, HERGEOEDER R, KOUTNY L B, et al. Open channel electrochromatography on a microchip [J]. Analytical Chemistry, 1994, 66(14):2369–2373.

[44] ROCKLIN R D, RAMSEY R S, RAMSEY J M. A microfabricated fluidic device

for performing two-dimensional liquid-phase separations [J]. Analytical Chemistry, 2000, 72(21):5244–5249.

[45] WOOLLEY A T, SENSABAUGH G F, MATHIES R A. High-speed DNA genotyping using microfabricated capillary array electrophoresis chips [J]. Analytical Chemistry, 1997, 69(11):2181–2186.

[46] SIMPSON P C, ROACH D, WOOLLEY A T, et al. High-throughput genetic analysis using microfabricated 96-sample capillary array electrophoresis microplates [J]. Proceedings of the National Academy of Sciences, 1998, 95(5):2256–2261.

[47] SHI Y, SIMPSON P C, SCHERER J R, et al. Radial capillary array electrophoresis microplate and scanner for high-performance nucleic acid analysis [J]. Analytical Chemistry, 1999, 71(23):5354–5361.

[48] MEDINTZ I L, PAEGEL B M, MATHIES R A. Microfabricated capillary array electrophoresis DNA analysis systems [J]. Journal of Chromatography A, 2001, 924(1–2):265–270.

[49] 刘军山 . PMMA 集成毛细管电泳芯片制作工艺研究 [D]. 大连 : 大连理工大学 , 2005.

[50] XU W, UCHIYAMA K, SHIMOSAKA T, et al. Fabrication of polyester microchannels and their applications to capillary electrophoresis [J]. Journal of Chromatography A, 2001, 907(1–2):279–289.

[51] MEDINTZ I L, PAEGEL B M, MATHIES R A. Microfabricated capillary array electrophoresis DNA analysis systems [J]. Journal of Chromatography A, 2001, 924(1–2):265–270.

[52] CULBERTSON C T, JACOBSON S C, RAMSEY J M. Microchip devices for high-efficiency separations [J]. Analytical Chemistry, 2000, 72(23):5814–5819.

[53] GRIFFITHS S K, NILSON R H. Design and analysis of folded channels for chip-based separations [J]. Analytical Chemistry, 2002, 74(13):2960–2967.

[54] HARRISON D J, FLURI K, CHIEM N, et al. Micromachinng chemical and biochemical analysis and reaction systems on glass substrates [J]. Sensors and Actuators B: Chemical, 1996, 33(1–3):105–109.

[55] FLURI K, FITZPATRICK G, CHIEM N, et al. Integrated capillary electrophoresis devices with an efficient postcolumn reactor in planar quartz and glass chips [J]. Analytical

Chemistry, 1996, 68(23):4285–4290.

[56] CULBERSON C T, JACOBSON S C, RAMSEY J M. Dispersion sources for compact geometries on microchips [J]. Analytical Chemistry, 1998, 70(18):3781–3789.

[57] PAEGEL B M, HUTT L D, SIMPSON P C, et al. Turn geometry for minimizing band broadening in microfabricated capillary electrophoresis channels [J]. Analytical Chemistry, 2000, 72(14):3030–3037.

[58] MOLHO J I, HERR A E, MOSIER B P, et al. Optimization of turn geometries for microchip electrophoresis [J]. Analytical Chemistry, 2001, 73(6):1350–1360.

[59] ZHANG C, MANZ A. Narrow sample channel injectors for capillary electrophoresis on microchips [J]. Analytical Chemistry, 2001, 73(11):2656–2662.

[60] BARKER S L R, TARLOV M J, CANAVAN H, et al. Plastic microfluidic devices modified with polyelectrolyte multilayers [J]. Analytical Chemistry, 2000, 72(20):4899–4903.

[61] HENRY A C, TUTT T J, GALLOWAY M, et al. Surface modification of poly(methylmethacrylat e) used in the fabrication of microanalytical devices [J]. Analytical Chemistry, 2000, 72(21):5331–5337.

[62] JOHNSON T J, ROSS D, GAITAN M, et al. Laser modification of prcformed polymer microchannels: application to reduce band broadening around turns subject to electrokinetic flow [J]. Analytical Chemistry, 2001, 73(15):3656–3661.

[63] BIANCHI F, CHEVOLOT Y, MATHIEU H J, et al. Photomodification of polymer microchannels induced by static and dynamic excimer ablation: effect on the electroosmotic flow [J]. Analytical Chemistry, 2001, 73(16):3845–3853.

[64] CHENG J, SHOFFNER M A, MITCHELSO K R, et al. Analysis of ligase chain reaction products amplified in a silicon–glass chip using capillary electrophoresis [J]. Journal of Chromatography A, 1996, 732(1):151–158.

[65] KOPP M U, MELLO A J N, MANZ A. Chemical amplification: continuous–flow PCR on a chip [J]. Science, 1998, 280(5366):1046–1048.

[66] WILDING P, KRICKA L J, CHENG J, et al. Integrated cell isolation and polymerase chain reaction analysis using silicon microfilter chambers [J]. Analytical Biochemistry, 1998, 257(2):95–100.

[67] LIN Y, YANG C, HUANG M. Simulation and experimental validation of micro polymerase chain reaction chips [J]. Sensors and Actuators B: Chemical, 2000, 71(1/2):127–133.

[68] SCHNEEGA I, KÖLER J M. Flow-through polymerase chain reactions in chip thermocyclers [J]. Reviews in Molecular Biotechnology, 2001, 82(2):101-121.

[69] ZHANG Q, WANG W, ZHANG H, et al. Temperature analysis of continuous-flow micro-PCR based on FEA [J]. Sensors and Actuators B: Chemical, 2002, 82(1):75-81.

[70] OBEID P J, CHRISTOPOULOS T K, CRABTREE H J, et al. Microfabricated device for DNA and RNA amplification by continuous-flow polymerase chain reaction and reverse transcription polymerase chain reaction with cycle number selection [J]. Analytical Chemistry, 2003, 75(2):288-295.

[71] 刘金华，殷学锋，徐光明，等．流动型微流控 PCR 扩增芯片的研究 [J]. 高等学校化学学报，2003, 24(2):232-235.

[72] WOOLLEY A T, HADLEY D, LANDRE P, et al. Functional integration of PCR amplification and capillary electrophoresis in a microfabricated DNA analysis device [J]. Analytical Chemistry, 1996, 68(23):4081-4086.

[73] WATERS L C, JACOBSON S C, KROUTCHININA N, et al. Microchip device for cell lysis, multiplex PCR amplification, and electrophoretic sizing [J]. Analytical Chemistry, 1998, 70(1):158-162.

[74] WATERS L C, JACOBSON S C, KROUTCHININA N, et al. Multiple sample PCR amplification and electrophoretic analysis on a microchip [J]. Analytical Chemistry, 1998, 70(24):5172-5176.

[75] KHANDURINA J, MCKNIGHT T E, JACOBSON S C, et al. Integrated system for rapid PCR-based DNA analysis in microfluidic devices [J]. Analytical Chemistry, 2000, 72(13):2995-3000.

[76] LAGALLY E T, SIMPSON P C, MATHIES R A. Monolithic integrated microfluidic DNA amplification and capillary electrophoresis analysis system [J]. Sensors and Actuators B: Chemical, 2000, 63(3):138-146.

[77] 赵湛，崔大付，于中尧，等．基于 MEMS 技术的 PCR 生物芯片的研究 [J]. 传感器技术，2001, 20(6):56-59.

[78] BECKER H, LOCASCIO L E. Polymer microfluidic devices [J]. Talanta, 2002, 56(2):267-287.

[79] KOH C G, TAN W, ZHAO M, et al. Integrating polymerase chain reaction, valving, and electrophoresis in a plastic device for bacterial detection [J]. Analytical Chemistry, 2003,

75(17):4591–4598.

[80] HARRISON D J, FLURI K, CHIEM N, et al. Micromachinng chemical and biochemical analysis and reaction systems on glass substrates [J]. Sensors and Actuators B: Chemical, 1996, 33(1–3):105–109.

[81] WANG J, CHATRATHI M P, TIAN B. Micromachined separation chips with a precolumn reactor and end–column electrochemical detector [J]. Analytical Chemistry, 2000, 72(23):5774–5778.

[82] WANG J, IBANEZ A, CHATRATHI M P, et al. Electrochemical enzyme immunoassays on microchip platforms [J]. Analytical Chemistry, 2001, 73(21):5323–5327.

[83] LICHTENBERG J, VERPOORTE E, de ROOIJ N F. Sample preconcentration by field amplification stacking for microchip–based capillary electrophoresis [J]. Electrophoresis, 2001, 22(2):258–271.

[84] KEIR R, IGATA E, ARUNDELL M, et al. SERRS. In situ substrate formation and improved detection using microfluidics [J]. Analytical Chemistry, 2002, 74(7):1503–1508.

[85] JACOBSON S C, KOUTNY L B, HERGENROEDE R, et al. Microchip capillary electrophoresis with an integrated postcolumn reactor [J]. Analytical Chemistry, 1994, 66(20):3472–3476.

[86] FLURI K, FITZPATRICK G, CHIEM N, et al. Integrated capillary electrophoresis devices with an efficient postcolumn reactor in planar quartz and glass chips [J]. Analytical Chemistry, 1996, 68(23):4285–4290.

[87] GOTTSCHLICH N, CULBERTSON C T, MCKNIGHT T E, et al. Integrated microchip–device for the digestion, separation and postcolumn labeling of proteins and peptides [J]. Journal of Chromatography B: Biomedical Sciences and Applications, 2000, 745(1):243–249.

[88] CHABINYC M L, CHIU D T, MCDONALD J C, et al. An integrated fluorescence detection system in poly(dimethylsiloxane) for microfluidic applications [J]. Analytical Chemistry, 2001, 73(18):4491–4498.

[89] PUMERA M, WANG J, OPEKAR F, et al. Contactless conductivity detector for microchip capillary electrophoresis [J]. Analytical Chemistry, 2002, 74(9):1968–1971.

[90] ERTL P, EMRICH C A, SINGHAL P, et al. Capillary electrophoresis chips with a sheath–flow supported electrochemical detection system [J]. Analytical Chemistry, 2004,

76(13):3749–3755.

[91] QIU H, YIN X, YAN J, et al. Simultaneous electrochemical and electrochemiluminescence detection for microchip and conventional capillary electrophoresis [J]. Electrophoresis, 2005, 26(3):687–693.

[92] NAKAMURA H, MURAKAMI Y, YOKOYAMA K, et al. A compactly integrated flow cell with a chemiluminescent FIA system for determining lactate concentration in serum [J]. Analytical Chemistry, 2000, 73(2):373–378.

[93] FIACCABRINO G C, DE ROOIJ N F, KOUDELKA–HEP M. On–chip generation and detection of electrochemiluminescence [J]. Analytica Chimica Acta, 1998, 359(3):263–267.

[94] MICHEL P E, FIACCABRINO G C, DE ROOIJ N F, et al. Integrated sensor for continuous flow electrochemiluminescent measurements of codeine with different ruthenium complexes [J]. Analytica Chimica Acta, 1999, 392(2–3):95–103.

[95] COLLINS G E, LU Q. Microfabricated capillary electrophoresis sensor for uranium (VI) [J]. Analytica Chimica Acta, 2001, 436(2):181–189.

[96] COLLINS G E, LU Q. Radionuclide and metal ion detection on a capillary electrophoresis microchip using LED absorbance detection [J]. Sensors and Actuators B: Chemical, 2001, 76(1–3):244–249.

[97] XUE Q, FORET F, DUNAYEVSKIY Y M, et al. Multichannel microchip electrospray mass spectrometry [J]. Analytical Chemistry, 1997, 69(3):426–430.

[98] RAMSEY R S, RAMSEY J M. Generating electrospray from microchip devices using electro–osmotic pumping [J]. Analytical Chemistry, 1997, 69(6):1174–1178.

[99] FIGEYS D, NING Y, AEBERSOLD R. A microfabricated device for rapid protein identification by microelectrospray ion trap mass spectrometry [J]. Analytical Chemistry, 1997, 69(16):3153–3160.

[100] ZHANG B, LIU H, KARGER B L, et al. Microfabricated devices for capillary electrophoresis electrospray mass spectrometry [J]. Analytical Chemistry, 1999, 71(15):3258–3264.

[101] WANG Y, ZHOU Y, BALGLEY B M, et al. Electrospray interfacing of polymer microfluidics to MALDI–MS [J]. Electrophoresis, 2005, 26(19):3631–3640.

[102] 张琳琳 . 毛细管电泳 – 安培检测联用技术在药物和化妆品分析中的应用研究 [D]. 上海 : 华东师范大学 , 2009.

[103] JACOBSON S C, RAMSEY J M. Integrated microdevice for DNA restriction fragment analysis [J]. Analytical Chemistry, 1996, 68(5):720–723.

[104] SHI Y, SIMPSON P C, SCHERER J R, et al. Radial capillary array electrophoresis microplate and scanner for high–performance nucleic acid analysis [J]. Analytical Chemistry, 1999, 71(23):5354–5361.

[105] PAEGEL B M, EMRICH C A. WEDEMAYER G J, et al. High throughput DNA sequencing with a microfabricated 96–lane capillary array electrophoresis bioprocessor [J]. Proceedings of the National Academy of Sciences, 2002, 99(2):574–579.

[106] EFFENHAUSER C S, MANZ A, WIDMER H M. Glass chips for high–speed capillary electrophoresis separations with submicrometer plate heights [J]. Analytical Chemistry, 1993, 65(19):2637–2642.

[107] FANG Q, XU G, FANG Z A high–throughput continuous sample introduction interface for microfluidic chip–based capillary electrophoresis systems [J]. Analytical Chemistry, 2002, 74(6):1223–1231.

[108] FIGEYS D, GYGI S P, MCKINNON G, et al. An integrated microfluidics–tandem mass spectrometry system for automated protein analysis [J]. Analytical Chemistry, 1998, 70(18):3728–3734.

[109] KOUTNY L B, SCHMALZING D, TAYLOR T A, et al. Microchip electrophoretic immunoassay for serum cortisol [J]. Analytical Chemistry, 1996, 68(1):18–22.

[110] WANG J, IBÁÑEZ A, CHATRATHI M P, et al. Electrochemical enzyme immunoassays on microchip platforms [J]. Analytical Chemistry, 2001, 73(21):5323–5327.

[111] SIMPSON P C, ROACH D, WOOLLEY A T, et al. High–throughput genetic analysis using microfabricated 96–sample capillary array electrophoresis microplates [J]. Proceedings of the National Academy of Sciences, 1998, 95(5):2256–2261.

[112] 王明 . 聚二甲基硅氧烷 (PDMS) 微流控芯片研究 [D]. 北京：中国科学院研究生院 (电子学研究所), 2003.

[113] 邓廷倬 , 何金兰 . 高效毛细管电泳 [M]. 北京：科学出版社 , 1996.

[114] 金庆辉 . 微通道电泳芯片系统的原理、方法和应用研究 [D]. 上海：中国科学院研究生院 (上海微系统与信息技术研究所), 2002.

[115] 蔡明招 , 杭义萍 , 余倩 . 分析化学 [M]. 北京：化学工业出版社 , 2009.

[116] 章燕豪 , 吴树森 . 界面化学 – 原理与应用 [M]. 上海：华东化工学院出版社 , 1989.

[117] 陈继锋 . 微通道电泳芯片及其检测系统的研究 [D]. 上海 : 中国科学院研究生院 (上海微系统与信息技术研究所), 2002.

[118] ISSAQ H J, ATAMN I Z, MUSCHIK G M, et al. The effect of electric field strength, buffer type and concentration on separation parameters in capillary zone electrophoresis [J]. Chromatographia, 1991, 32(3):155–161.

[119] SALOMON K, BURGI D S, HELMER J C. Evaluation of fundamental properties of a silica capillary used for capillary electrophoresis [J]. Journal of chromatography A, 1991, 559(1–2):69–80.

[120] 许成才 . 光纤嵌入式毛细管电泳芯片的信号检测及其小波消噪 [D]. 大连 : 大连理工大学 , 2006.

[121] 李园园 . 基于 ARM9 的光纤式电泳芯片检测系统设计 [D]. 大连 : 大连理工大学 , 2008.

[122] ZHAO S, YUAN H, XIAO D. Optical fiber light–emitting diode–induced fluorescence detection for capillary electrophoresis [J]. Electrophoresis, 2005, 27(2):461–467.

[123] 杨风波 . 基于正交光路的低成本、集成化 LED 诱导荧光检测系统的研制 [D]. 杭州 : 浙江大学 , 2008.

[124] HART S J, JIJI R D. A simple, low–cost, remote fiber–optic micro volume fluorescence flowcell for capillary flow–injection analysis [J]. Analytical and Bioanalytical Chemistry, 2002, 374(3):385–389.

[125] LI H F, LIN J M, SU R G, et al. A compactly integrated laser–induced fluorescence detector for microchip electrophoresis [J]. Electrophoresis, 2004, 25(12):1907–1915.

[126] BURNS M A, JOHNSON B N, BRAHMASANDRA S N, et al. An integrated nanoliter DNA analysis device [J]. Science, 1998, 282(5388):484–487.

[127] WEBSTER J R, BURNS M A, BURKE D T, et al. Monolithic capillary electrophoresis device with integrated fluorescence detector [J]. Analytical Chemistry, 2001, 73(7):1622–1626.

[128] HOFMANN O, WANG X, CORNWELL A, et al. Monolithically integrated dye–doped PDMS long–pass filters for disposable on–chip fluorescence detection [J]. Lab on a Chip, 2006, 6(8):981–987.

[129] CHABINYC M L, CHIU D T, MCDONALD J C, et al. An integrated fluorescence detection system in poly(dimethylsiloxane) for microfluidic applications [J]. Analytical

Chemistry, 2001, 73(18):4491–4498.

[130] 龚建勋，刘正义，邱万奇 . 偏振片研究进展 [J]. 液晶与显示，2004(4):259–265.

[131] CAMOU S, KITAMURA M, ARAKAWA Y, et al. Integration of OLED light source and optical fibers on a PDMS based microfluidic device for on–chip fluorescence detection [C]. The 7th International Conference on Miniaturized Chemical and Biochemical Analysis Systems, California, USA, 2002:383–386.

[132] KIM J H, SHIN K S, PAEK K K, et al. An advanced microchip with organic light emitting diode integrated on a microchannel for application in the fluorescence detection [C]. The 8th International Conference on Miniaturized Systems for Chemistry and Life Sciences. Cambridge, UK, 2004:428– 430.

[133] EDEL J B, BEARD N P, HOFMANN O, et al. Thin–film polymer light emitting diodes as integrated excitation sources for microscale capillary electrophoresis [J]. Lab on a Chip, 2004, 4(2):136–140.

[134] 姚波 . 微流控芯片及有机发光二极管荧光检测系统的研究 [D]. 北京：清华大学，2006.

[135] 叶丹琴 . 有机电致发光器件薄膜封装的研究 [D]. 天津：天津理工大学，2008.

[136] ADACHI C, TOKITO S, TSUTSUI T, et al. Organic electroluminescent device with a three–layer structure [J]. Japanese Journal of Applied Physics, 1988, 27(4):713–715.

[137] ERA M, ADACHI C, TSUTSUI T, et al. Double–heterostructure electroluminescent device with cyanine–dye bimolecular layer as an emitter [J]. Chemical Physics Letters, 1991, 178(5):488–490.

[138] KIDO J, KOHDA M, OKUYAMA K, et al. Organic electroluminescent devices based on molecularly doped polymers [J]. Applied Physics Letters, 1992, 61(7):761–763.

[139] KIDO J, KIMURA M, NAGAI K. Multilayer white light–emitting organic electroluminescent device [J]. Science, 1995, 267(5202):1332–1334.

[140] TANG C W, VANSLYKE S A. CHEN C H. Electroluminescence of doped organic thin films [J]. Journal of Applied Physics, 1989, 65(9):3610–3616.

[141] SEKI S, SAWADA Y, NISHIDE T. Indium–tin–oxide thin films prepared by dip–coating of indium diacetate monohydroxide and tin dichloride [J]. Thin Solid Films, 2001, 388(1–2):22–26.

[142] BENDER M, TRUBE J, STOLLENWERK J. Characterization of a RF/DC–magnetron

discharge for the sputter deposition of transparent and highly conductive ITO films [J]. Applied Physics A: Materials Science & Processing, 1999, 69(4):397–401.

[143] MARUYAMA T, FUKUI K. Indium tin oxide thin films prepared by chemical vapour deposition [J]. Thin Solid Films, 1991, 203(2):297–302.

[144] VASU V, SUBRAHMANYAM A. Reaction kinetics of the formation of indium tin oxide films grown by spray pyrolysis [J]. Thin Solid Films, 1990(PART2), 193:696–703.

[145] ADURODIJA F O, IZUMI H, ISHIHARA T, et al. Highly conducting indium tin oxide (ITO) thin films deposited by pulsed laser ablation [J]. Thin Solid Films, 1999, 350(1):79–84.

[146] MATSUO J, KATSUMATA H, MINAMI E, et al. O2 cluster ion–assisted deposition for tin–doped indium oxide films [J]. Nuclear Instruments and Methods in Phys Res–Section B, 2000, 161(1):952–957.

[147] ISHII M, MORI T, FUJIKAWA H, et al. Improvement of organic electroluminescent device performance by in situ plasma treatment of indium–tin–oxide surface [J]. Journal of Luminescence, 2000, 87–89:1165–1167.

[148] KIM J S, GRANSTROM M, FRIEND R H, et al. Indium–tin oxide treatments for single–and double–layer polymeric light–emitting diodes: the relation between the anode physical, chemical, and morphological properties and the device performance [J]. Journal of Applied Physics, 1998, 84(12):6859–6870.

[149] SO S K, CHOI W K, CHENG C H, et al. Surface preparation and characterization of indium tin oxide substrates for organic electroluminescent devices [J]. Applied Physics A, 1999, 68(4):447–450.

[150] MASON M G, HUNG L S, TANG C W, et al. Characterization of treated indium–tin–oxide surfaces used in electroluminescent devices [J]. Journal of Applied Physics, 1999, 86(3):1688–1692.

[151] 周东营 . 高效率有机电致发光器件 (OLED) 的制备与研究 [D]. 苏州 : 苏州大学 , 2011.

[152] VAN SLYKE S A, CHEN C H, TANG C W. Organic electroluminescent devices with improved stability [J]. Applied Physics Letters, 1996, 69(15):2160–2162.

[153] HEITHECKE D, KAMMOUN A, DOBBERTIN T, et al. Low–voltage organic electroluminescence device with an ultrathin, hybrid structure [J]. Applied Physics Letters, 2003,

82(23):4178–4180.

[154] YANG Y, HEEGER A J. Polyaniline as a transparent electrode for polymer light-emitting diodes: lower operating voltage and higher efficiency [J]. Applied Physics Letters, 1994, 64(10):1245–1247.

[155] BROWN T M, KIM J S, FRIEND R H, et al. Built-in field electroabsorption spectroscopy of polymer light-emitting diodes incorporating a doped poly (3, 4-ethylene dioxythiophene) hole injection layer [J]. Applied Physics Letters, 1999, 75(12):1679–1681.

[156] DENG Z B, DING X M, LEE S T, et al. Enhanced brightness and efficiency in organic electroluminescent devices using SiO_2 buffer layers [J]. Applied Physics Letters, 1999, 74(15):2227–2229.

[157] HUNG L S, ZHENG L R, MASON M G. Anode modification in organic light-emitting diodes by low-frequency plasma polymerization of CHF3 [J]. Applied Physics Letters, 2001, 78(5):673–675.

[158] QIU Y, GAO Y, WANG L, et al. Efficient light emitting diodes with Teflon buffer layer [J]. Synthetic Metals, 2002, 130(3):235–237.

[159] POON C O, WONG F L, TONG S W, et al. Improved performance and stability of organic light-emitting devices with silicon oxy-nitride buffer layer [J]. Applied Physics Letters, 2003, 83(5):1038–1040.

[160] ZHAO J M, ZHANG S T, WANG X J, et al. Dual role of LiF as a hole-injection buffer in organic light-emitting diodes [J]. Applied Physics Letters, 2004, 84(15):2913–2915.

[161] WAKIMOTO T, FUKUDA Y, NAGAYAMA K, et al. Organic EL cells using alkaline metal compounds as electron injection materials [J]. IEEE Transactions on Electron Devices, 1997, 44(8):1245–1248.

[162] STOBEL M, STAUDIGEL J, STEUBER F, et al. Space-charge-limited electron currents in 8-hydroxyquinoline aluminum [J]. Applied Physics Letters, 2000, 76(1):115–117.

[163] BABEL A, JENEKHE S A. High electron mobility in ladder polymer field-effect transistors [J]. Journal of the American Chemical Society, 2003, 125(45):13656–13657.

[164] ADACHI C, TSUTSUI T, SAITO S. Organic electroluminescent device having a hole conductor as an emitting layer [J]. Applied Physics Letters, 1989, 55(15):1489–1491.

[165] TAMOTO N, ADACHI C, NAGAI K. Electroluminescence of 1, 3, 4-oxadiazole and triphenylamine-containing molecules as an emitter in organic multilayer light emitting diodes [J].

Chemistry of Materials, 1997, 9(5):1077–1085.

[166] TOKITO S, NODA K, TANAKA H, et al. Organic light-emitting diodes using novel metal-chelate complexes [J]. Synthetic Metals, 2000, 111:393–396.

[167] TABATAKE S, NAKA S, OKAD H, et al. Low operational voltage of organic electroluminescent devices with a high bipolar conducting silole derivative [J]. Japanese Journal of Applied Physics, 2002, 41(11A):6582–6585.

[168] ADAMOVICH V I, CORDERO S R, DJUROVICH P I, et al. New charge-carrier blocking materials for high efficiency OLEDs [J]. Organic Electronics, 2003, 4(2):77–87.

[169] TONZOLA C J, ALAM M M, KAMINSKY W, et al. New N-type organic semiconductors: synthesis, single crystal structures, cyclic voltammetry, photophysics, electron transport, and electroluminescence of a series of diphenylanthrazolines [J]. Journal of the American Chemical Society, 2003, 125(44):13548–13558.

[170] SCHMITZ C, PÖSCH P, THELAKKAT M, et al. Polymeric light-emitting diodes based on poly (p-phenylene ethynylene), poly (triphenyldiamine), and spiroquinoxaline [J]. Advanced Functional Materials, 2001, 11(1):41–46.

[171] SHETTY A S, LIU E B, LACHICOTTE R J, et al. X-ray crystal structures and photophysical properties of new conjugated oligoquinolines [J]. Chemistry of Materials, 1999, 11(9):2292–2295.

[172] IKAI M, TOKITO S, SAKAMOTO Y, et al. Highly efficient phosphorescence from organic light-emitting devices with an exciton-block layer [J]. Applied Physics Letters, 2001, 79(2):156–158.

[173] 李卓民 . 9- 芴席夫碱衍生物的合成、晶体结构及性能研究 [D]. 广州 : 华南理工大学 , 2012.

[174] 刘海涛 . 微表面形貌检测仪的系统建模和功能扩展研究 [D]. 天津 : 天津大学 , 2008.

[175] YAN J X, YAN M, YU J H, et al. A micro-fluidic origami electrochemiluminescence aptamer-device based on a porous Au-paper electrode and a phenyleneethynylene derivative [J]. Chemical Communications, 2013, 49(14):1838–1385.

[176] AMARA A, YOSHIAKI U, MIYUKI C, et al. Development of automated paper-based devices for sequential multi-step sandwich enzyme-linked immunosorbent assays using inkjet printing [J]. Lab on a Chip, 2013, 13(1):126–135.

[177] WANG S M, GE L, SONG X R, et al. Paper–based chemiluminescence ELISA: Lab–on–paper based on chitosan modified paper device and wax–screen–printing [J]. Biosensors and Bioelectronics, 2012, 31(1):212–218.

[178] GE L, YAN J, SONG X, et al. Three–dimensional paper–based electrochemiluminescence immunodevice for multiplexed measurement of biomarkers and point–of–care testing [J]. Biomaterials, 2012, 33(4):1024–1031.

[179] YAN J X, GE L, SONG X R, et al. Paper–based electrochemiluminescent 3D immuno device for lab–on–paper, specific, and sensitive point–of–care testing [J]. Chemistry–A European Journal, 2012, 18(16):4938–4945.

[180] WANG Y H, WANG S M, GE S. G., et al. Facile and sensitive paper–based chemiluminescence DNA biosensor using carbon dots dotted nanoporous gold signal amplification label [J]. Analytical Method, 2013, 5 (5):1328–1336.

[181] HE Q H, MA C C, HU X Q, et al. Method for fabrication of paper–based microfluidic devices by alkylsilane self–assembling and UV/0(3)–patterning [J]. Analytical Chemistry, 2013, 85 (3):1327–1331.

[182] NIE J F, LIANG Y Z, ZHANG Y, et al. One–step patterning of hollow microstructures in paper by laser cutting to create microfluidic analytical devices [J]. Analyst, 2013, 138 (2); 671–676.

[183] LIU H, CROOKS R M. Three–dimensional paper microfluidic devices assembled using the principles of origami [J]. Journal of American Chemical Society, 2011, 133 (44):17564–17566.

[184] LEWIS G G, DITUCCI M J, BAKER M S, et al. High throughput method for prototyping three–dimensional,paper–based microfluidic devices [J]. Lab on a Chip, 2012, 12 (15): 2630–2633.

[185] DUNGCHAI W, CHAILAPAKUL O, HENRY C S. Use of multiple colorimetric indicators for paper–based microfluidic devices [J]. Analytica Chimica Acta, 2010, 674(2):227–233.

[186] POOMRAT R, WIITAR D, WEENA S. Sodium dodecyl sulfate–modified electrochemical paper–based analytical device for determination of dopamine levels in biological samples [J]. Analytica Chimica, 2012, 744:1–7.

[187] YU J, WANG S, GE L, et al. A novel chemiluminescence paper microfluidic

biosensor based on enzymatic reaction for uric acid determination [J]. Biosensors and Bioelectronics, 2011, 26 (7): 3284–3289.

[188] YU J, GE L, HUANG L, et al. Microfluidic paper-based chemiluminescence biosensor for simultaneous determination of glucose and uric acid [J]. Lab on a Chip, 2011, 11 (7): 1286–1291.

[189] MOSER I, JOBST G, SVASEK P, et al. Rapid liver enzyme assay with miniaturized liquid handling system comprising thin film biosensor array [J]. Sensors and Actuators B-Chemical B, 1997, 44(13):377–380.

[190] MORIN F, NISHIMURA N, GRISCOM L, et al. Constraining the connectivity of neuronal networks cultured on micro-electrode arrays with microfluidic techniques: A step towards neuron-based functional chips [J]. Biosensors &. Bioelectronics, 2006, 21(7):1093–1100.

[191] FAN C H, PLAXCO K W, HEEGER A J, et al. Electrochemical interrogation of conformational changes as a reagentless method for the sequence-specific detection of DNA [J]. Proceedings of the National Academy of Sciences of the United States of America, 2003, 100(16):9134–9137.

[192] HIRSCHFELD T. Optical microscopic observation of single small molecules [J]. Applied optics, 1976, 15(12):2965–2966.

[193] SHERA E B, SEITZINGER N K, DAVIS L M, et al. Detection of single fluorescent molecules [J]. Chemical Physics Letters, 1990, 174(6):553–557.

[194] HAAB B B, MATHIES R A. Single-molecule fluorescence burst detection of DNA fragments separated capillary electrophoresis [J]. Analytical Chemistry, 1995, 67(18):3253–3260.

[195] GAI H W, WANG Q, MA Y F, et al. Correlations between molecular numbers and molecular masses in an evanescent field and their applications in probing molecular interactions [J]. Angewandte Chemie International Edition, 2005, 44:5107–5110